AF588557

RECHERCHES

POUR SERVIR A L'HISTOIRE NATURELLE

DES MAMMIFÈRES

PAR MM.

H. MILNE EDWARDS

ET

ALPHONSE MILNE EDWARDS

Livraison 6

Feuilles 16 à 18. — Planches 20, 50, 52, 53, 54

PARIS
VICTOR MASSON ET FILS
PLACE DE L'ÉCOLE-DE-MÉDECINE

RECHERCHES

POUR SERVIR A L'HISTOIRE NATURELLE

DES MAMMIFÈRES

PARIS. — IMPRIMERIE DE E. MARTINET, RUE MIGNON, 2

RECHERCHES

POUR SERVIR A L'HISTOIRE NATURELLE

DES MAMMIFÈRES

COMPRENANT

DES CONSIDÉRATIONS SUR LA CLASSIFICATION DE CES ANIMAUX

PAR

M. H. MILNE EDWARDS

DES OBSERVATIONS SUR L'HIPPOPOTAME DE LIBERIA
ET DES ÉTUDES SUR LA FAUNE DE LA CHINE ET DU TIBET ORIENTAL

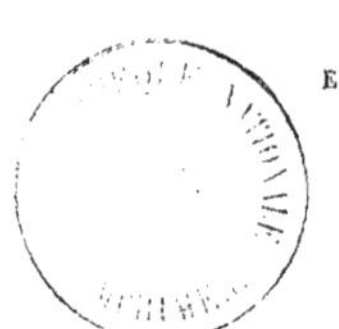

PAR

M. ALPHONSE MILNE EDWARDS

TOME SECOND — ATLAS

(105 PLANCHES)

PARIS
G. MASSON, ÉDITEUR
LIBRAIRE DE L'ACADÉMIE DE MÉDECINE
PLACE DE L'ÉCOLE-DE-MÉDECINE, 17

1868 à 1874

LISTE DES PLANCHES

1. Hippopotame de Liberia (*Chœropsis liberiensis*).
2. Squelette du même.
3. Tête osseuse du même.
4. Fig. 1. Coupe de la tête du même. — Fig. 2. Tête de l'*Hippopotamus amphibius*.
5. Moulages de l'intérieur de la boîte crânienne des mêmes espèces.
6. *Siphneus Armandi*.
7. *Siphneus Fontanieri*.
8. Têtes osseuses du *Siphneus Myospalax*, du *S. Fontanieri* et du *S. Armandi*.
9. Système dentaire des mêmes espèces.

9 A. Tête et autres parties osseuses du *Siphneus psilurus*.

9 B. Squelette du même.

9 C. Myologie du même.

9 D. Myologie du même.

9 E. Myologie et splanchnologie du même.

10. *Dipus annulatus*.

10 A. Têtes osseuses et dents de *Dipus* et de *Gerbillus*.

11. Fig. 1 et 2. *Gerbillus ungulatus*. — Fig. 3 et 4. *Gerbillus brevicaudatus*.
12. Fig. 1. *Cricetulus griseus*. — Fig. 2. *C. longicaudatus*. — Fig. 3. *C. obscurus*. — Fig. 4. *Arvicola mandarinus*.
13. Têtes osseuses, dents, etc., des mêmes.
14. *Pteromys xanthipes*.
15. *Pteromys melanopterus*.

15 A. Têtes de *Pteromys*.

16. *Sciurus Davidianus*.
17. Fig. 1 à 3. *Spermophilus mongolicus*. — Fig. 4. *Scaptochirus moschatus*.

17 A. Fig. 1. Système dentaire du *Scaptochirus moschatus*. — Fig. 2. Id. du *Talpa longirostris*.

18. Têtes osseuses et dents : Fig. 1, du *Sciurus Pernyi*; — fig. 2, du *S. Davidianus*. — Fig. 3. Tête et dents du *Spermophilus mongolicus*.

19. *Moschus moschiferus* du Tché-li.

20. *Moschus moschiferus* du Sé-tchouan.

21. *Cervus xanthopygus*.

22. *Cervus mandarinus*.

22 [A]. Le même, en pelage d'hiver.

23. *Antilope* (*Næmorhedus*) *caudata*.

23 [A]. Tête osseuse du même.

23 [B]. Fig. 1. Tête du même. — Fig. 2. Tête de l'*Antilope Gora*.

24. *Meles* (*Arctonyx*) *leucolæmus*.

25. *Meles leptorhynchus*.

26. Têtes osseuses des précédents.

27. Têtes osseuses des mêmes espèces.

28. Têtes osseuses des mêmes espèces.

29. *Felis Fontanieri*, jeune femelle.

30. *Felis Fontanieri*, mâle adulte.

31. Tête osseuse du même.

31 [A]. *Felis microtis*.

31 [B]. Têtes osseuses du *F. microtis* et du *F. chinensis*.

31 [C]. *Felis Manul*.

31 [D]. *Felis tristis*.

32. *Macacus tcheliensis*.

33. Tête osseuse du même.

34. *Macacus tibetanus*.

35. Tête osseuse du même.

36. *Rhinopithecus Roxellanæ*.

37. Tête osseuse du même.

37 [A]. Fig. 1. *Rhinolophus larvatus*. — Fig. 2. *Vespertilio moupinensis*.

37 [B]. Fig. 1. *Murina aurata*. — Fig. 2. *M. leucogaster*.

37 [C]. Têtes osseuses et système dentaire des Chiroptères précédents.

38. Fig. 1. *Anourosorex squamipes*. — Fig. 2. *Talpa longirostris*.

38 [A]. Fig. 1. Tête, dents et pattes de l'*Anourosorex*. — Fig. 2. Tête, dents et pattes du *Sorex quadraticauda*. — Tête, dents et pattes du *Sorex cylindricauda*.

38 [B]. Fig. 1. *Crocidura attenuata*. — Fig. 2. *Sorex quadraticauda*. — Fig. 3. *Sorex cylindricauda*. — Fig. 4. *Scaptonyx fusicaudatus*.

39. *Nectogale elegans.*

39 [A]. Fig. 1. Tête osseuse, dents et pattes du *Nectogale elegans.* — Fig. 2. Tête et dents du *Crocidura attenuata.*

40. Fig. 1. *Uropsilus soricipes.* — Fig. 2. *Mus Chevrieri.* — Fig. 3. *Mus Ouang-Thomæ.*

40 [A]. Fig. 1. Tête osseuse, etc., de l'*Uropsilus soricipes.* — Fig. 2. Tête et autres parties du *Scaptonyx fusicaudatus.*

41. Fig. 1. *Mus humiliatus.* — Fig. 2. *M. Confucianus.*

42. Fig. 1. *Mus flavipectus.* — Fig. 2. *M. griseipectus.*

43. Fig. 1. *Mus pygmæus.* — Fig. 2. *M. plumbeus.*

44. *Arvicola melanogaster.*

45. *Pteromys alborufus.*

46. *Rhizomys vestitus.*

46 [A]. Crâne de l'*Arcviola melanogaster;* — fig. 2, du *Rhizomys vestitus.*

47. *Arctomys robustus.*

48. *Lagomys tibetanus.*

49. Fig. 1. Tête osseuse et dents du *Lagomys tibetanus.* — Fig. 2. Tête osseuse et dents de l'*Arctomys robustus.*

50. *Ailuropus melanoleucus.*

51. Pieds du même.

52. Tête osseuse vue en dessus.

53. Tête osseuse vue en dessous.

54. Tête osseuse vue de profil.

55. Tête osseuse vue de face et par derrière.

56. Mâchoire inférieure.

57. *Felis scripta.*

58. Fig. 1. Tête osseuse du même. — Fig. 2. Tête de l'*Arctonyx* du Chen-si.

59. Fig. 1. *Putorius Davidianus.* — Fig. 2. *P. moupinensis.*

60. Fig. 1. Tête osseuse et dents du *Putorius sibiricus;* fig. 2, du *P. Davidianus;* — fig. 3, du *P. astutus;* — fig. 4, du *P. moupinensis.*

61. Fig. 1. *Putorius Fontanierii.* — Fig. 2. *P. astutus.*

62. *Arctonyx obscurus.*

63. *Cervulus lacrymans.*

64. Tête osseuse du même.

65. *Elaphodus cephalophus.*

66. Tête osseuse du même, vue en dessus.

67. La même, vue de profil.

68. *Ovis Nahoor.*
69. Tête osseuse.
70. *Antilope (Nœmorhedus) grisea.*
71. Tête osseuse du même.
71 A. Tête osseuse.
72. *Antilope (Nœmorhedus) Edwardsii.*
73. Tête osseuse du même.
74. *Budorcas taxicola* var. *tibetana.*
75. Tête osseuse du même, vue de profil.
76. Portion frontale du même.
77. Tête osseuse du même, vue en dessus.
78. Tête osseuse du même, vue en dessous.
79. Os des membres du même.
80. *Sus moupinensis.*
81. Tête osseuse du même.

FIN DE LA LISTE DES PLANCHES

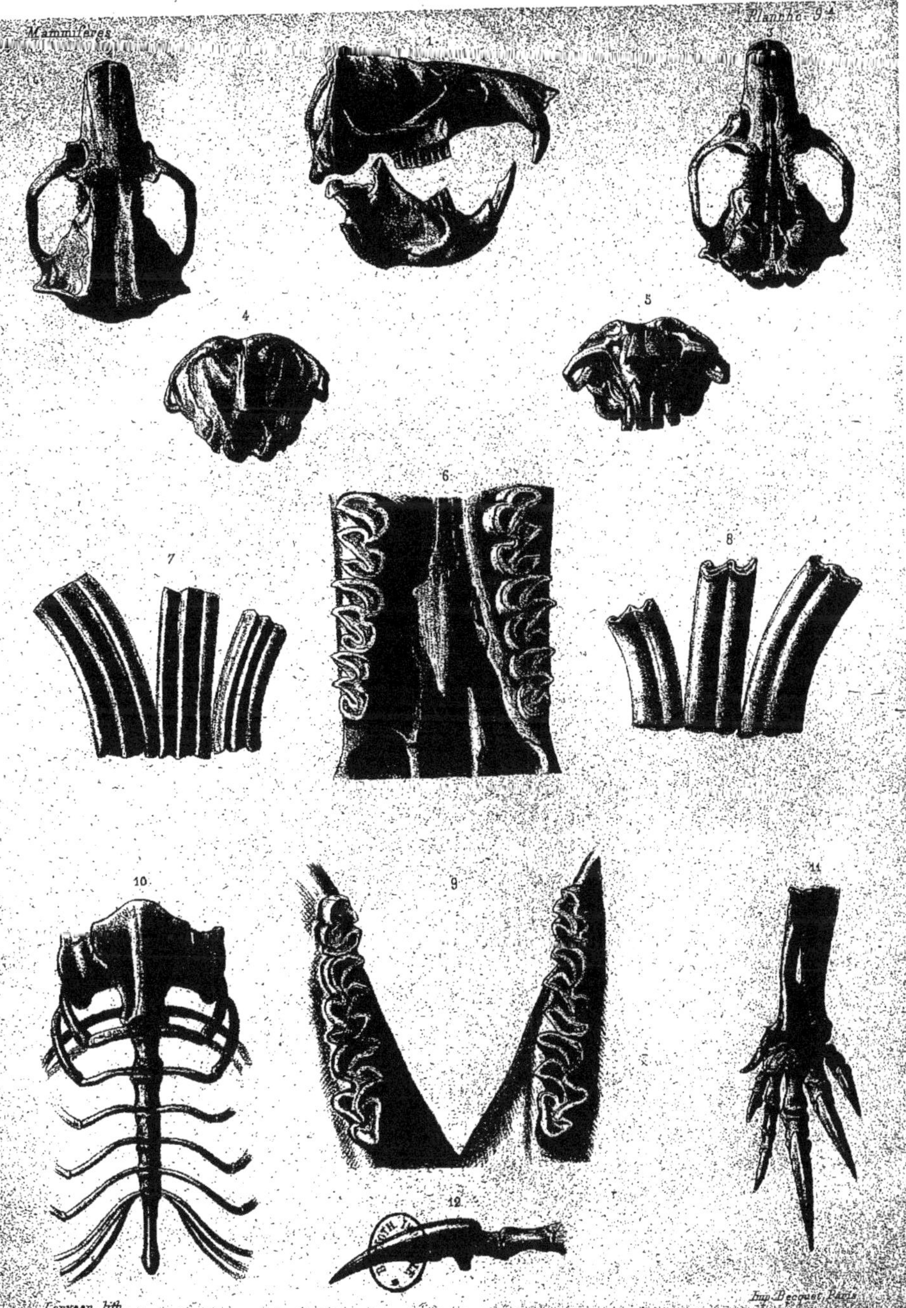

Jouveau lith.
Imp. Becquet Paris

PLANCHE 9 A.

Fig. 1. — Tête osseuse du **Siphneus psilurus** (A. Milne Edwards), très-adulte, vue de côté, de grandeur naturelle.

Fig. 2. — Face supérieure de la tête.

Fig. 3. — Face inférieure de la tête.

Fig. 4. — Face postérieure du crâne.

Fig. 5. — Tête osseuse vue de face, pour montrer la forme des trous sous-orbitaires.

Fig. 6. — Molaires supérieures grossies, et montrant leur couronne.

Fig. 7. — Ces mêmes dents isolées et vues par leur face externe.

Fig. 8. — Les mêmes, vues par leur face interne.

Fig. 9. — Molaires inférieures montrant leur couronne.

Fig. 10. — Sternum grossi.

Fig. 11. — Patte antérieure, vue en avant et grossie.

Fig. 12. — Doigt médian de la patte antérieure, vu de côté et grossi.

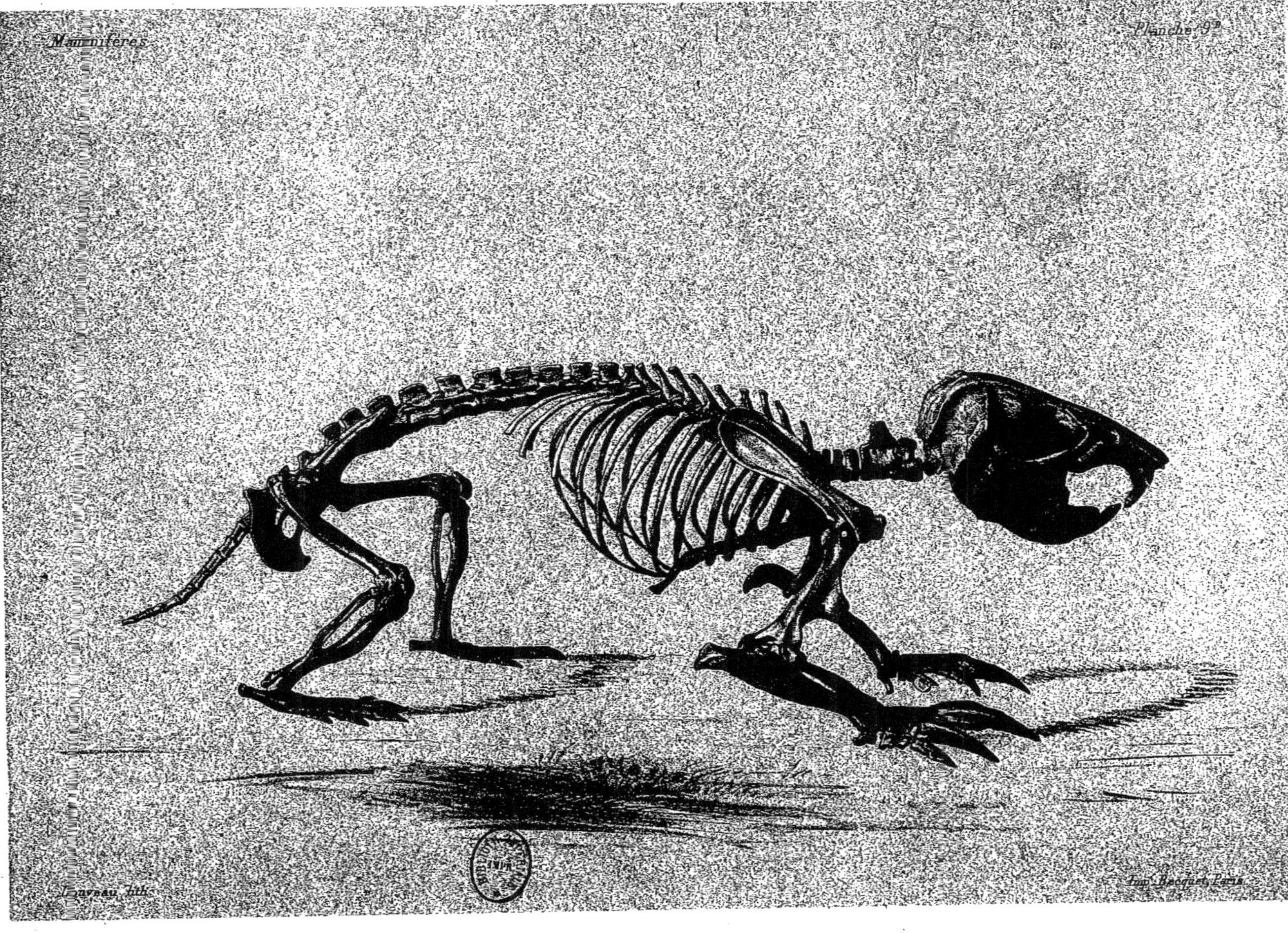

Lavreau lith.

Imp. Becquet, Paris

PLANCHE 9 B.

Squelette du Siphné du Pétchely (*Siphneus Psilurus*, A. Milne Edwards), individu mâle provenant des collections envoyées au Muséum par M. l'abbé David.

Ce squelette est représenté de grandeur naturelle.

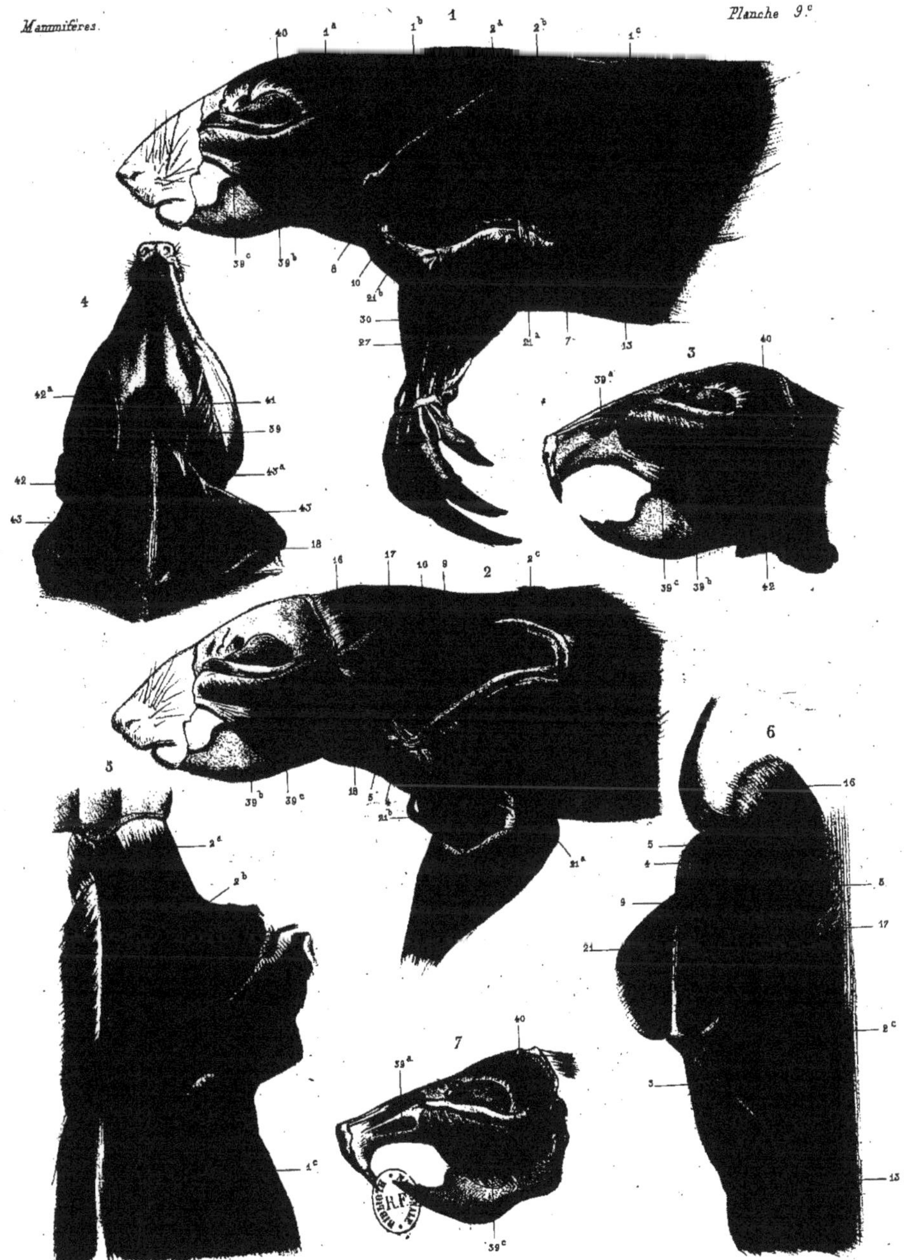

Louveau lith.

Imp. Becquet, Paris.

PLANCHE 9e.

ANATOMIE DU SIPHNÉ.

FIG. 1. — Système musculaire de la tête, de l'épaule et de la patte antérieure, vu de profil ; couche superficielle.

FIG. 2. — Muscles de la couche profonde.

FIG. 3. — Tête vue de profil et montrant la disposition des glandes parotides.

FIG. 4. — Tête et cou vus en dessous pour montrer les muscles de cette région, la portion inférieure des glandes parotides et les glandes sous-maxillaires.

FIG. 5. — Seconde couche musculaire de la région dorso-scapulaire.

FIG. 6. — Muscles profonds de la même région.

FIG. 7. — Muscles masticateurs profonds.

EXPLICATION GÉNÉRALE DES NUMÉROS DE RENVOI.

1. Muscle trapèze : — 1^a, portion antérieure ou muscle clavo-cucullaire ; — 1^b, portion médiane ou muscle acromio-cucullaire ; — 1^c, portion dorsale ou muscle dorso-cucullaire.

2^a. Muscle rhomboïde antérieur ou occipito-scapulaire ; — 2^b, muscle rhomboïde principal ; — 2^c, muscle rhomboïde accessoire.

3^a. Portion antérieure du muscle grand-dentelé ou releveur de l'omoplate ; — 2^b, portion moyenne du muscle grand dentelé ; — 3^c, portion postérieure du muscle grand dentelé.

4. Muscle sous-clavier ; — 4^a, faisceau interne du triceps brachial.

5. Muscle transverso-scapulaire ou angulaire.

6. Muscle petit pectoral.

7. Muscle grand pectoral.

8. Muscle deltoïde.

9. Muscle sus-épineux.

10. Muscle sous épineux.

11. Muscle petit rond.

12. Muscle grand rond.

13. Muscle grand dorsal

14. Muscle sous-scapulaire.

15. Muscle coraco-brachial.

16. Muscle splénius.

17. Muscle grand complexus.

18. Cléido-mastoïdien.

19. Muscle long fléchisseur de l'avant-bras ou biceps.

20. Muscle court fléchisseur de l'avant-bras ou brachial antérieur.

21^a. Portion scapulaire du muscle triceps ou extenseur de l'avant-bras.

21^b. Portion humérale externe du muscle triceps.

21^c. Portion humérale interne du muscle triceps.

21^d. Faisceau accessoire du triceps.

22. Muscle olécrânien ou anconé.

23. Muscle rond pronateur.

24. Muscle court supinateur.

25. Muscle premier radial externe.

26. Muscle deuxième radial externe.

27. Muscle cubital externe.

29. Muscle abducteur du doigt médius.

30. Muscle extenseur commun des doigts.

31. Muscle abducteur du pouce.

32. Muscle cubital antérieur.

33. Muscle radial interne.

34. Muscle grand palmaire.

35. Muscle fléchisseur superficiel des doigts.

36. Muscle fléchisseur propre du second doigt.

37. Muscle fléchisseur profond.

38. Muscle extenseur propre de l'index.

39. Muscle masséter : — 39^a, portion antérieure ; — 39^b, portion moyenne ; — 39^c, portion profonde.

40. Muscle temporal.

41. Muscle génio-hyoïden.

42 Glandes parotides.

42^a. Canal de Sténon.

43. Glandes sous-maxillaires.

43^a. Canal excréteur de ces glandes.

Louveau lith. *Imp. Becquet, Paris.*

PLANCHE 9e.

ANATOMIE DU SIPHNÉ.

Fig. 1. — Muscles de l'épaule et de la patte antérieure vus en dessous, le grand pectoral ayant été divisé transversalement et le scapulum rejeté en dehors.

Fig. 2. — Muscle grand dorsal.

Fig. 3. — Muscles du membre antérieur vus en dessous.

Fig. 4. — Muscles de l'avant-bras et de la main vus en dessous; deuxième couche.

Fig. 5. — Muscles profonds de la même région.

Fig. 6. — Muscles profonds de l'avant-bras.

Tous ces muscles portent les mêmes numéros que dans la planche précédente.

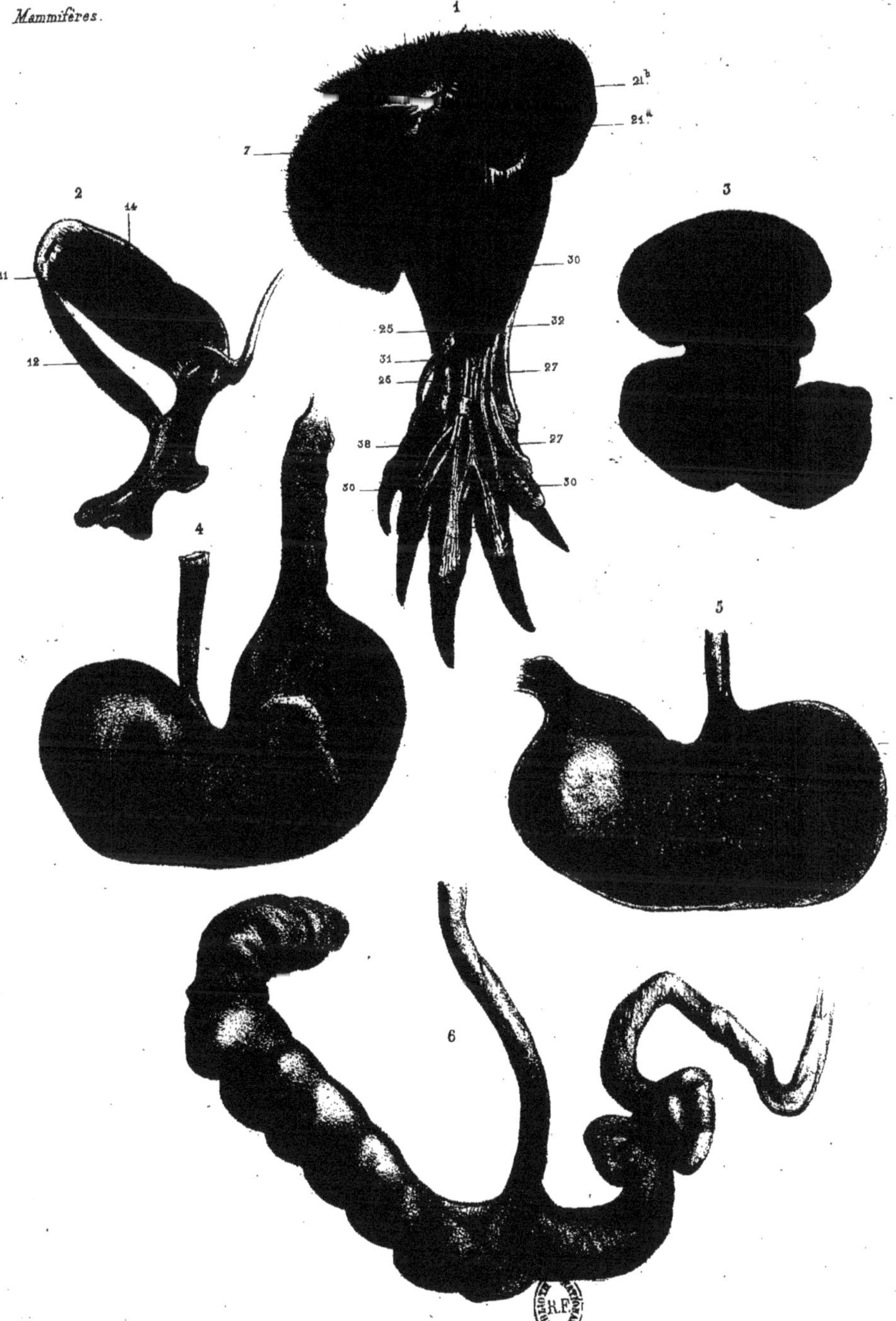

Louveau lith.

Imp. Becquet, Paris.

PLANCHE 9E.

ANATOMIE DU SIPHNÉ.

FIG. 1. — Muscles de la face supérieure du membre antérieur.

FIG. 2. — Muscles profonds de l'épaule. Tous ces muscles portent les mêmes numéros que dans la planche 9e.

FIG. 3 — Le foie, vu en dessous.

FIG. 4. — Estomac.

FIG. 5. — Section verticale de l'estomac, montrant la disposition de la tunique muqueuse qui tapisse l'intérieur de cet organe.

FIG. 6. — Cæcum et portions adjacentes de l'intestin grêle et du gros intestin.

PLANCHE 10A.

FIG. 1. — Tête osseuse de **Gerbillus psammophilus** (A. Milne Edwards) vue en dessus, de grandeur naturelle.

FIG. 1a. — Face inférieure de la même.

FIG. 1b. — La même, vue de côté.

FIG. 1c. — Molaires supérieures grossies et vues en dessous.

FIG. 1d. — Molaires inférieures grossies et vues en dessus.

FIG. 1e. — Incisives supérieures grossies et vues en avant.

FIG. 2. — Tête osseuse de **Gerbillus unguiculatus** (A. Milne Edwards) vue en dessus, de grandeur naturelle.

FIG. 2a. — Face inférieure de la même.

FIG. 2b. — La même, vue de côté.

FIG. 2c. — Molaires supérieures grossies et vues en dessous.

FIG. 2d. — Molaires inférieures grossies et vues en dessus.

FIG. 2e. — Incisives supérieures grossies et vues en avant.

FIG. 3. — Tête osseuse de **Dipus annulatus** (A. Milne Edwards) vue en dessus, de grandeur naturelle.

FIG. 3a. — Face inférieure de la même.

FIG. 3b. — La même, vue de côté.

FIG. 3c. — Série des molaires supérieures grossies et vues en dessous.

FIG. 3d. — Série des molaires inférieures grossies et vues en dessus.

FIG. 3e. — Incisives supérieures grossies et vues en avant.

FIG. 3f. — Région occipitale vue en arrière, de grandeur naturelle.

Huet pinx.t Mesnel chromo-lith.

PLANCHE 11.

FIG. 1. — **Gerbillus unguiculatus** (A. Milne Edwards), mâle, découvert par M. l'abbé A. David, dans les plaines de Mongolie (de grandeur naturelle).

FIG. 2. — Patte postérieure de la même espèce, vue en dessus.

FIG. 3. — **Gerbillus brevicaudatus** (A. Milne Edwards), mâle, découvert par M. A. David, dans les plaines de Mongolie (de grandeur naturelle).

FIG. 4. — Patte postérieure de la même espèce, vue en dessus.

1.

4.

2. 3.

Huet. Pinx. Chromolith. G. Severeyns

PLANCHE 12.

FIG. 1. — **Cricetus (Cricetulus) griseus** (A. Milne Edwards) des environs de Pékin, individu mâle; de grandeur naturelle, ainsi que les figures suivantes.

FIG. 2. — **Cricetus (Cricetulus) longicaudatus** (A. Milne Edwards), individu mâle provenant de la Mongolie chinoise.

FIG. 3. — **Cricetus (Cricetulus) obscurus** (A. Milne Edwards), provenant de Sartchy dans la Mongolie chinoise.

FIG. 4. — **Arvicola Mandarinus** (A. Milne Edwards). Ce Campagnol a été trouvé par M. l'abbé David, avec les espèces précédentes, dans la Mongolie chinoise.

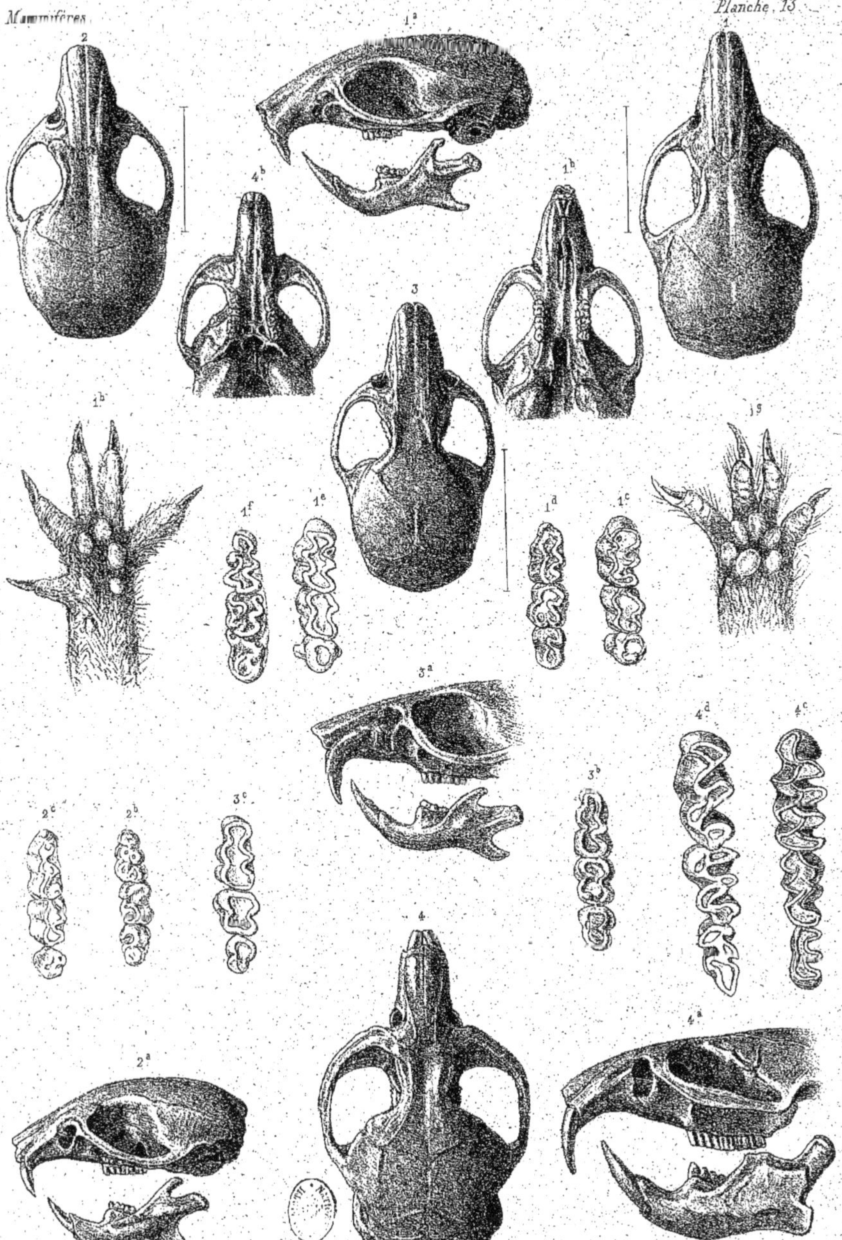

Louveau lith.

Imp. Becquet, Paris.

PLANCHE 13.

Fig. 1. — Tête osseuse du **Cricetulus griseus**, A. Milne Edwards, vue en dessus et grossie. Une ligne placée à gauche de cette figure en indique la grandeur naturelle.

Fig. 1ª. — La même, vue de côté.

Fig. 1ᵇ. — Face inférieure de la même.

Fig. 1ᶜ. — Série des molaires supérieures d'un individu mâle.

Fig. 1ᵈ. — Série des molaires inférieures du même individu.

Fig. 1ᵉ. — Série des molaires supérieures d'une femelle.

Fig. 1ᶠ. — Série des molaires inférieures de la même.

Fig. 1ᵍ. — Face palmaire de la main.

Fig. 1ʰ. — Face plantaire du pied.

Fig. 2. — Tête osseuse du **Cricetulus obscurus**, A. Milne Edwards, vue en dessus et grossie.

Fig. 2ª. — La même, vue de côté.

Fig. 2ᵇ. — Série des molaires supérieures.

Fig. 2ᶜ. — Série des molaires inférieures.

Fig. 3. — Tête osseuse du **Cricetulus longicaudatus**, A. Milne Edwards, vue en dessus et grossie.

Fig. 3ª. — La même, vue de côté.

Fig. 3ᵇ. — Série des molaires supérieures d'un vieil individu.

Fig. 3ᶜ. — Série des molaires inférieures du même.

Fig. 4. — Tête osseuse de l'**Arvicola mandarinus**, A. Milne Edwards, vue en dessus et grossie.

Fig. 4ª. — La même, vue de côté.

Fig. 4ᵇ. — Face inférieure de la même.

Fig. 4ᶜ. — Série des molaires supérieures.

Fig. 4ᵈ. — Série des molaires inférieures.

(Toutes ces figures sont grossies.)

PLANCHE 15^A.

FIG. 1. — Tête osseuse, de grandeur naturelle, du **Pteromys alborufus** (A. Milne Edwards), espèce provenant du Tibet oriental et envoyée au Muséum par M. l'abbé A. David.

FIG. 1^a. – La même, vue en dessus.

FIG. 1^b. — Face inférieure de la même.

FIG. 2. — Tête osseuse, de grandeur naturelle, du **Pteromys melanopterus** (A. Milne Edwards), espèce provenant du Tché-li et du Sé-tchouan et faisant partie des collections réunies par M. Fontanier et par M. l'abbé David.

FIG. 2^a. — Tête osseuse vue en dessous.

FIG. 2^b. — Face supérieure de la même.

FIG. 3. — Tête osseuse, de grandeur naturelle, du **Pteromys xanthipes** (A. Milne Edwards), espèce habitant les montagnes du Tché-li et rapportée par M. Fontanier.

FIG. 3^a. — La même, vue en dessus.

FIG. 3^b. — Face inférieure de la même.

Mammifères

Pl. 17.

Huet pinx.

Mesnel chromo-lith.

PLANCHE 17.

FIG. 1. — **Spermophilus mongolicus** (A. Milne Edwards), mâle, découvert par M. l'abbé Armand David dans les plaines sablonneuses de Mongolie. (Réduction de $\frac{1}{3}$.)

FIG. 2. — Tête vue en dessus, de grandeur naturelle.

FIG. 3. — Face inférieure de la queue, de grandeur naturelle.

FIG. 4. — **Scaptochirus moschatus** (A. Milne Edwards), insectivore voisin des Taupes, découvert par l'abbé A. David en Mongolie, où cette espèce paraît très-rare (de grandeur naturelle).

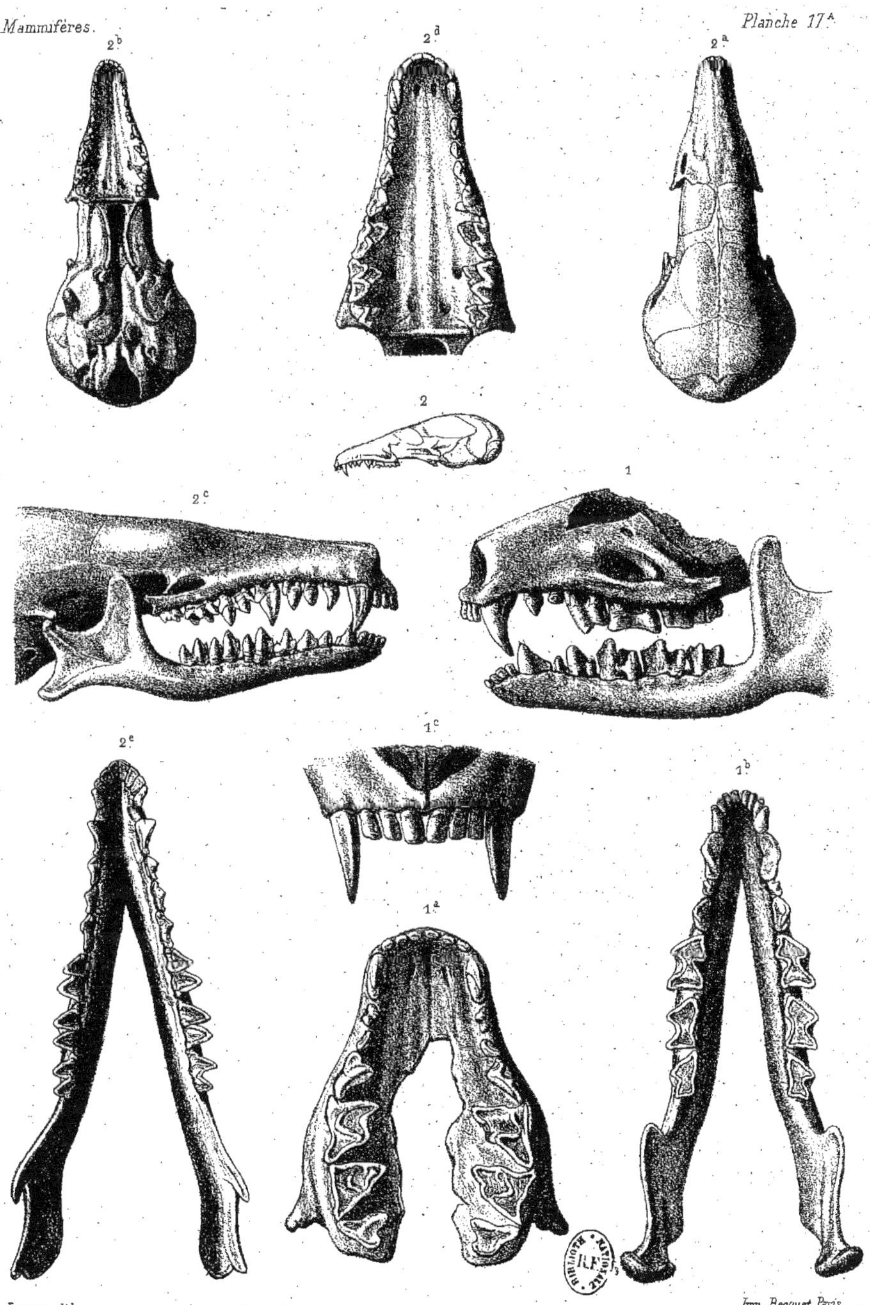

Louveau lith. Imp. Becquet, Paris.

PLANCHE 17A.

Fig. 1. — Portion antérieure de la tête osseuse du **Scaptochirus moschatus** (A. Milne Edwards) vue de côté et très-grossie.

Fig. 1a. — Mâchoire supérieure vue en dessous.

Fig. 1b. — Mâchoire inférieure vue en dessus.

Fig. 1c. — Mâchoire supérieure vue en avant, pour montrer la disposition des incisives et des canines.

Fig. 2. — Tête osseuse du **Talpa longirostris** (A. Milne Edwards). Taupe provenant du Tibet oriental, représentée de grandeur naturelle.

Fig. 2a. — La même, vue en dessus et grossie.

Fig. 2b. — Face inférieure de la même.

Fig. 2c. — Mâchoires vues de côté et très-grossies.

Fig. 2d. — Mâchoire supérieure vue en dessous.

Fig. 2e. — Mâchoire inférieure vue en dessus.

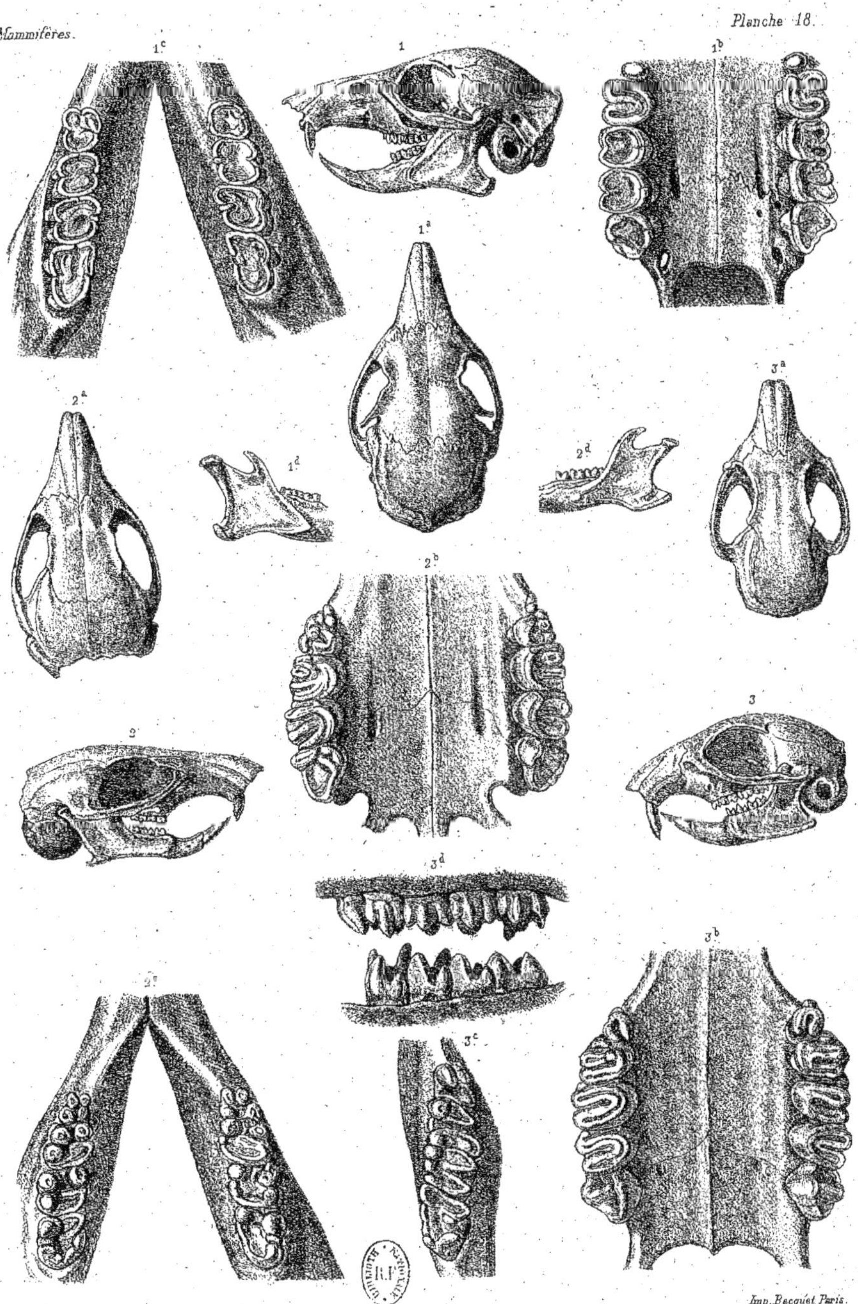

Louveau lith.   Imp. Becquet, Paris.

PLANCHE 18.

Fig. 1. — Tête osseuse de l'Écureuil de Perny (**Sciurus Pernyi**, A. Milne Edwards), espèce rapportée du Tibet oriental par M. l'abbé David.

Fig. 1^a. — La même, vue en dessus.

Fig. 1^b. — Molaires supérieures grossies.

Fig. 1^c. — Molaires inférieures grossies.

Fig. 1^d. — Portion articulaire de la mâchoire inférieure.

Fig. 2. — Tête osseuse de l'Écureuil de David [**Sciurus (Tamias) Davidianus**, A. Milne Edwards], espèce provenant des environs de Pékin et envoyée au Muséum par M. l'abbé A. David.

Fig. 2^a. — La même, vue en dessus.

Fig. 2^b. — Molaires supérieures grossies.

Fig. 2^c. — Molaires inférieures grossies.

Fig. 2^d. — Portion articulaire de la mâchoire inférieure.

Fig. 3. — Tête osseuse du Spermophile de Mongolie (**Spermophilus mongolicus**, A. Milne Edwards), espèce trouvée par le même voyageur aux environs de Pékin et dans la Mongolie chinoise.

Fig. 3^a. — La même vue en dessus.

Fig. 3^b. — Molaires supérieures grossies.

Fig. 3^c. — Molaires inférieures du côté droit, grossies.

Fig. 3^d. — Série des molaires supérieures et inférieures vues de profil et grossies.

Huet. Pinx.

Chromolith. G. Severeyns

PLANCHE 19.

Moschus moschiferus (Linné), mâle, provenant du Tchély et rapporté par M. Fontanier.

Ce Porte-Musc appartient à la variété *maculée* décrite par Pallas, comme une espèce distincte, sous le nom de *Moschus Sibiricus*.

Huet. Pinx.

Chromolith. G. Severeyns

PLANCHE 20.

Moschus moschiferus (Linné), mâle provenant du Sei-Tcheuen et donné au muséum par M. Drouin de Lhuys.

Ce Porte-musc appartient à la variété à ventre jaune décrite par Hodgson comme une espèce distincte sous le nom de *Moschus Chrysogaster*.

Hué. Pinx.

Chromolith. G. Severeyns

PLANCHE 22.

Cervus Mandarinus (A. Milne Edwards) dans son pelage d'été, d'après un individu mâle venant de la Chine et vivant actuellement dans la ménagerie du Muséum d'histoire naturelle.

Mammifères. Pl. 22.[a]

Hue. Pinx. Chromolith. G. Severeyns

PLANCHE 22 A.

Cervus Mandarinus (A. Milne Edwards) dans son pelage d'hiver, d'après le même individu que celui représenté dans la planche précédente.

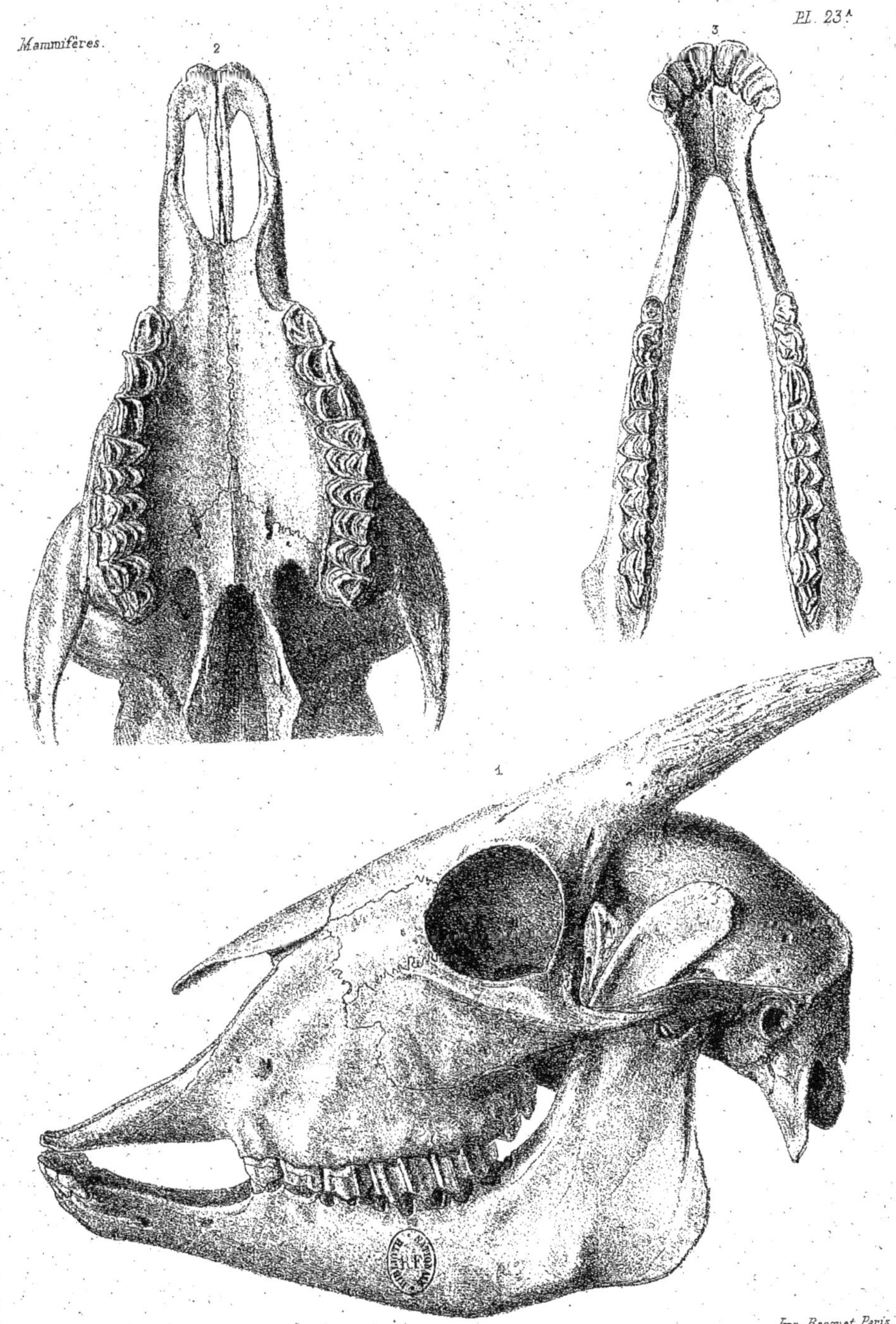

Imp. Becquet, Paris.

PLANCHE 23^A.

FIG. 1. — Tête osseuse du Chan-iang, ou **Antilope Caudata** (A. Milne Edwards), individu encore jeune provenant des régions montagneuses des environs de Pékin.

FIG. 2. — Portion antérieure de la tête osseuse d'un individu adulte montrant la disposition des molaires supérieures.

FIG. 3. — Mâchoire inférieure du même individu, vue en dessus.

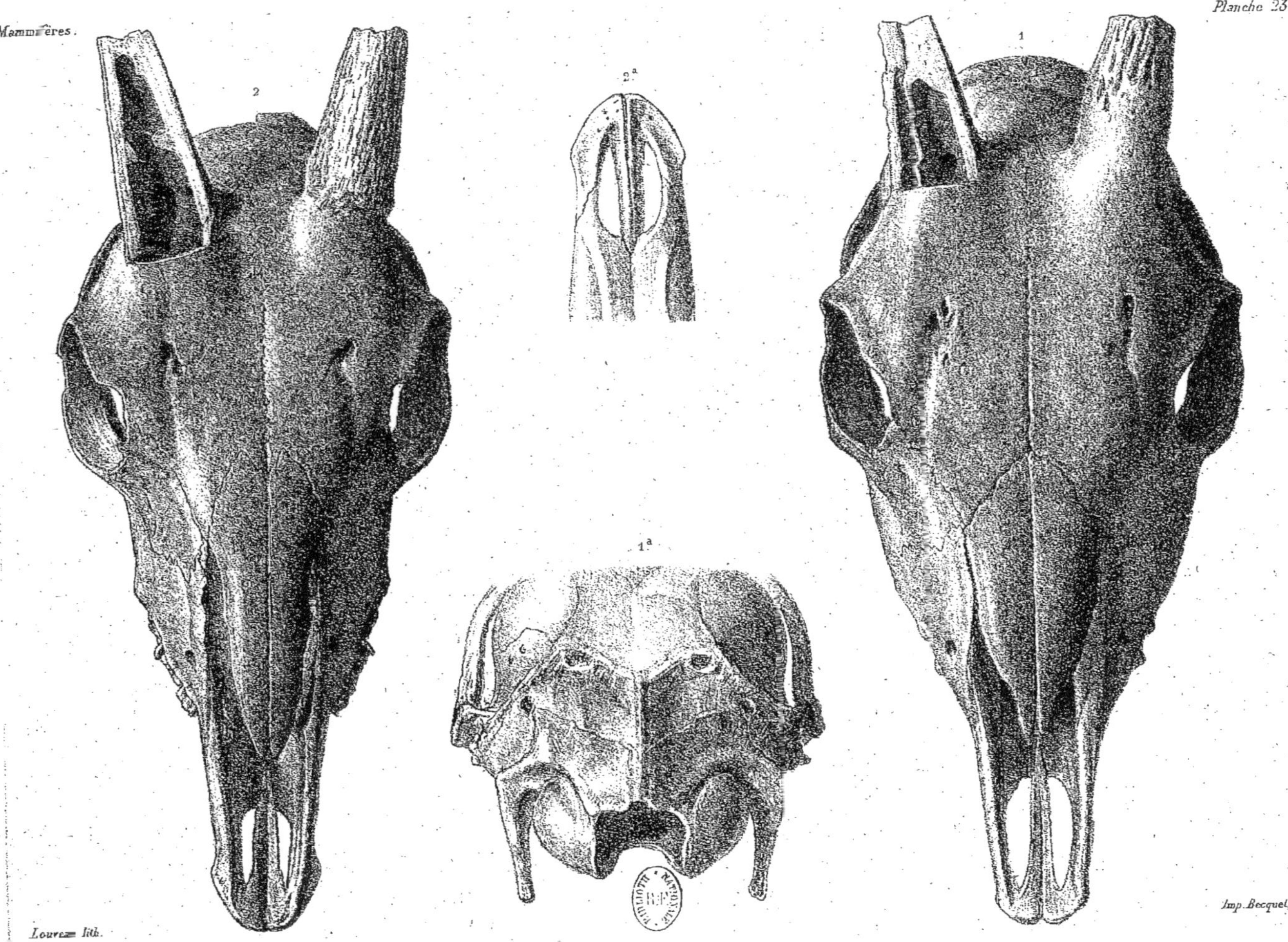

Louvez lith.

Imp. Becquet, Paris.

PLANCHE 23[B].

Fig. 1. — Tête osseuse d'un Chan-iang (**Antilope caudata**, A. Milne Edwards), individu presque adulte provenant des environs de Pékin. L'un des axes frontaux a été scié pour montrer la disposition des sinus.

Fig. 1[a]. — Face postérieure de la tête.

Fig. 2. — Tête osseuse d'un Goral (**Antilope Goral**, F. Cuvier), individu adulte provenant du Népaul. L'un des axes frontaux a été scié.

Fig. 2[a]. — Portion antérieure de la face vue en dessous et montrant la disposition des os intermaxillaires.

Fuest. Pinx. Chromolith. C. Severeyns

PLANCHE 24.

Meles leucolœmus (A. Milne Edwards), femelle, très-adulte, provenant des régions montagneuses des environs de Pékin, et faisant partie des collections envoyées de Chine par M. l'abbé Armand David.

Huet. Pinx.

Chromolith. G. Severeyns

PLANCHE 25.

Meles leptorynchus (A. Milne Edwards), mâle, très-adulte, provenant des environs de Pékin, et faisant partie des collections rapportées de Chine par M. Fontanier.

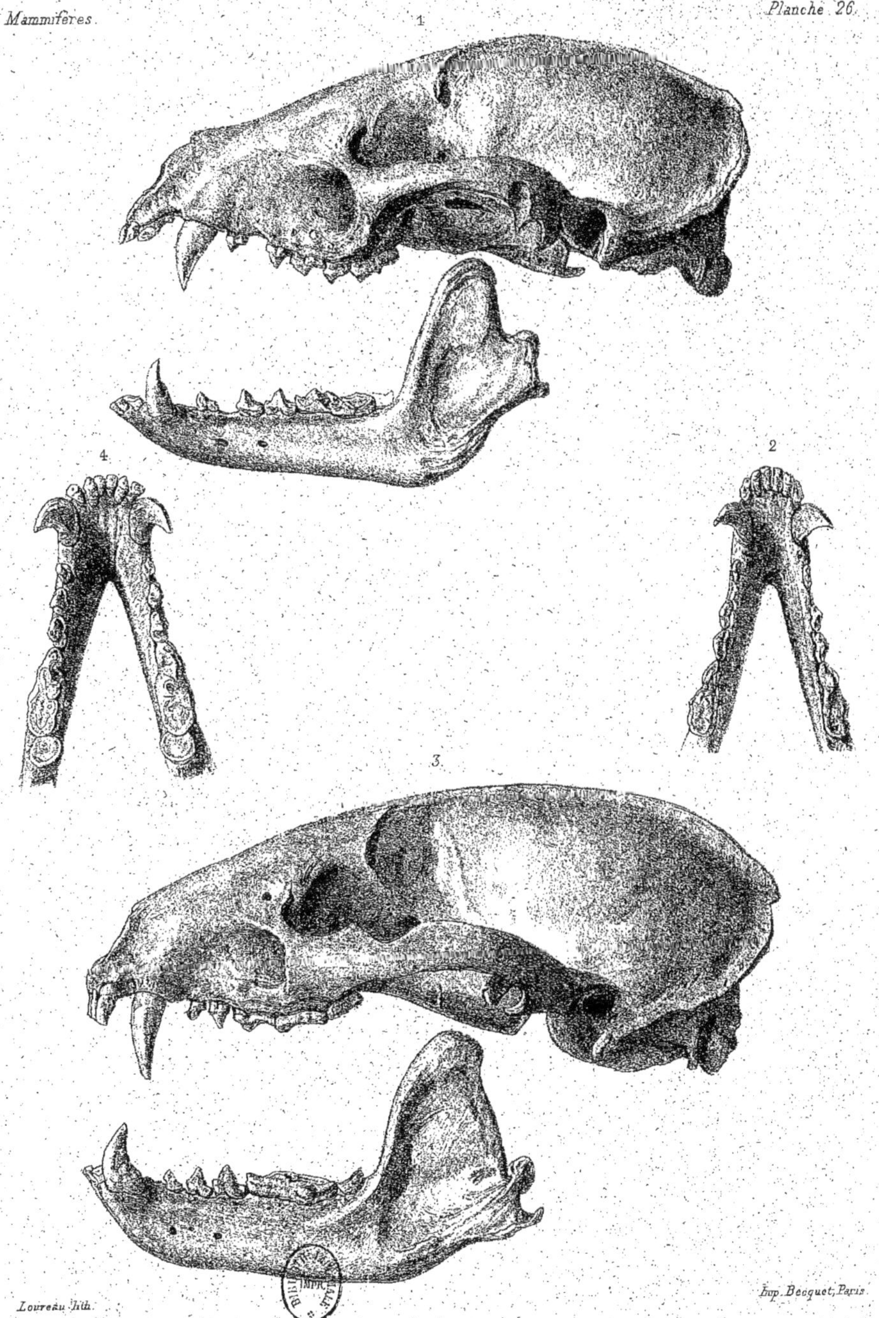

Loureau lith.

Imp. Becquet, Paris.

PLANCHE 26.

FIG. 1. — Tête osseuse du **Meles leucolœmus** (A. Milne Edwards), vue de côté et de grandeur naturelle.

FIG. 2. — Portion antérieure de la mâchoire inférieure de la même espèce, montrant la surface triturante de la série des dents, à l'exception de la dernière molaire qui manque.

FIG. 3. — Tête osseuse du **Meles leptorynchus** (A. Milne Edwards), vue de côté et de grandeur naturelle.

FIG. 4. — Portion antérieure de la mâchoire inférieure de la même espèce, montrant la surface triturante de la série des dents.

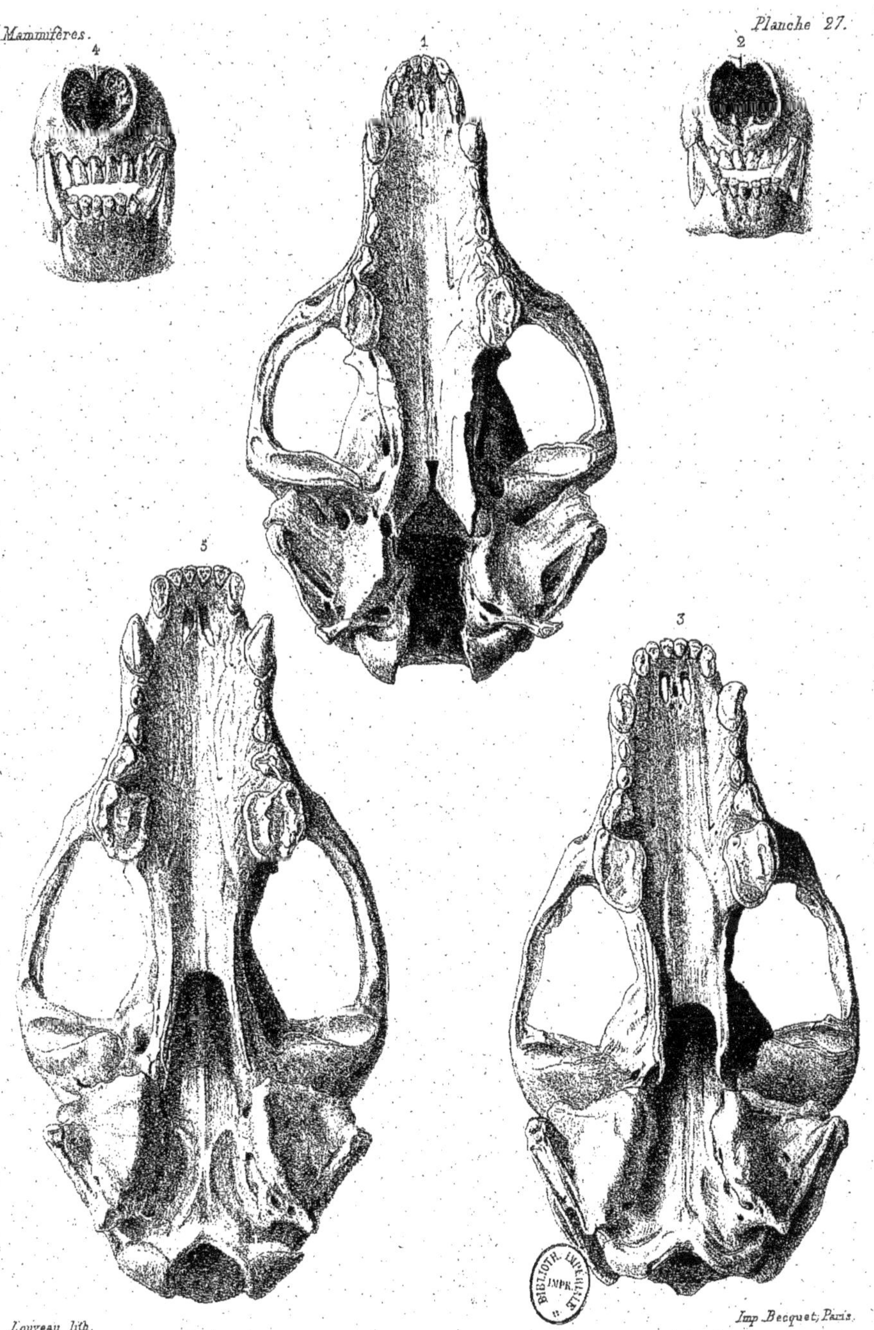

Louveau lith.

Imp. Becquet, Paris.

PLANCHE 27.

FIG. 1. — Tête osseuse du **Meles leucolæmus**, vue par sa face inférieure et de grandeur naturelle. La portion antérieure du basilaire et postérieure du sphénoïde sont brisées.

FIG. 2. — Museau vu en avant, pour montrer la position relative des canines et des incisives.

FIG. 3. — Tête osseuse du **Meles leptorynchus**, vue par sa face antérieure (de grandeur naturelle).

FIG. 4. — Museau vu en avant, pour montrer la position relative des canines et des incisives.

FIG. 5. — Tête osseuse du **Meles taxus** de France, femelle et adulte, vue par sa face inférieure et de grandeur naturelle.

PLANCHE 28.

FIG. 1. — Tête osseuse du **Meles leucolœmus,** vue par sa face supérieure (de grandeur naturelle).

FIG. 2. — Crâne vu par sa face postérieure. Le bord antérieur du trou occipital est brisé.

FIG. 3. — Tête osseuse du **Meles leptorynchus,** vue par sa face supérieure (de grandeur naturelle).

FIG. 4. — Crâne vu par sa face postérieure.

FIG. 5. — Tête osseuse du **Meles taxus** d'Europe, femelle et adulte, vue par sa face supérieure.

Huet. Pinx. Chromolith. G. Severeyns

PLANCHE 29.

Felis Fontanierii (A. Milne Edwards). Panthère femelle pas encore tout à fait adulte, provenant des environs de Pékin et rapportée par M. Fontanier.

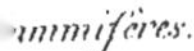

Huet. Pinx.

Chromolith. G. Severeyns

PLANCHE 30.

Felis Fontanierii (A. Milne Edwards), Panthère mâle, adulte, provenant des environs de Pékin, et rapportée par M. Fontanier.

Le Muséum a récemment reçu de M. l'abbé Armand David la peau d'un autre individu de la même espèce.

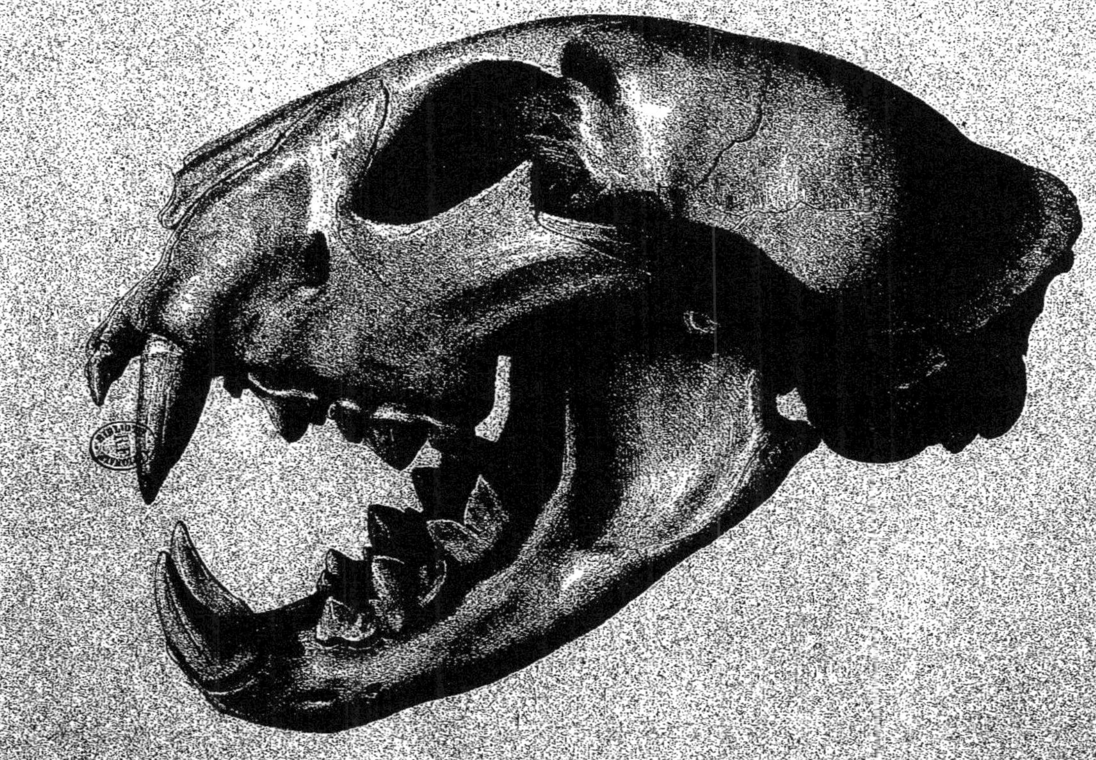

PLANCHE 31.

Tête osseuse du **Felis Fontanierii** (A. Milne Edwards) provenant de l'individu mâle adulte représenté sur la planche 30, et rapporté des environs de Pékin par M. Fontanier.

Cette figure est de grandeur naturelle.

Huet pinx. Chromolith. G. Severeyns

PLANCHE 31ᴬ.

Chat à petites oreilles (**Felis microtis**, A. Milne Edwards), espèce provenant des environs de Pékin et de la Mongolie chinoise, et faisant partie des collections envoyées au Muséum par M. Fontanier.

(Cette figure est réduite de trois cinquièmes.)

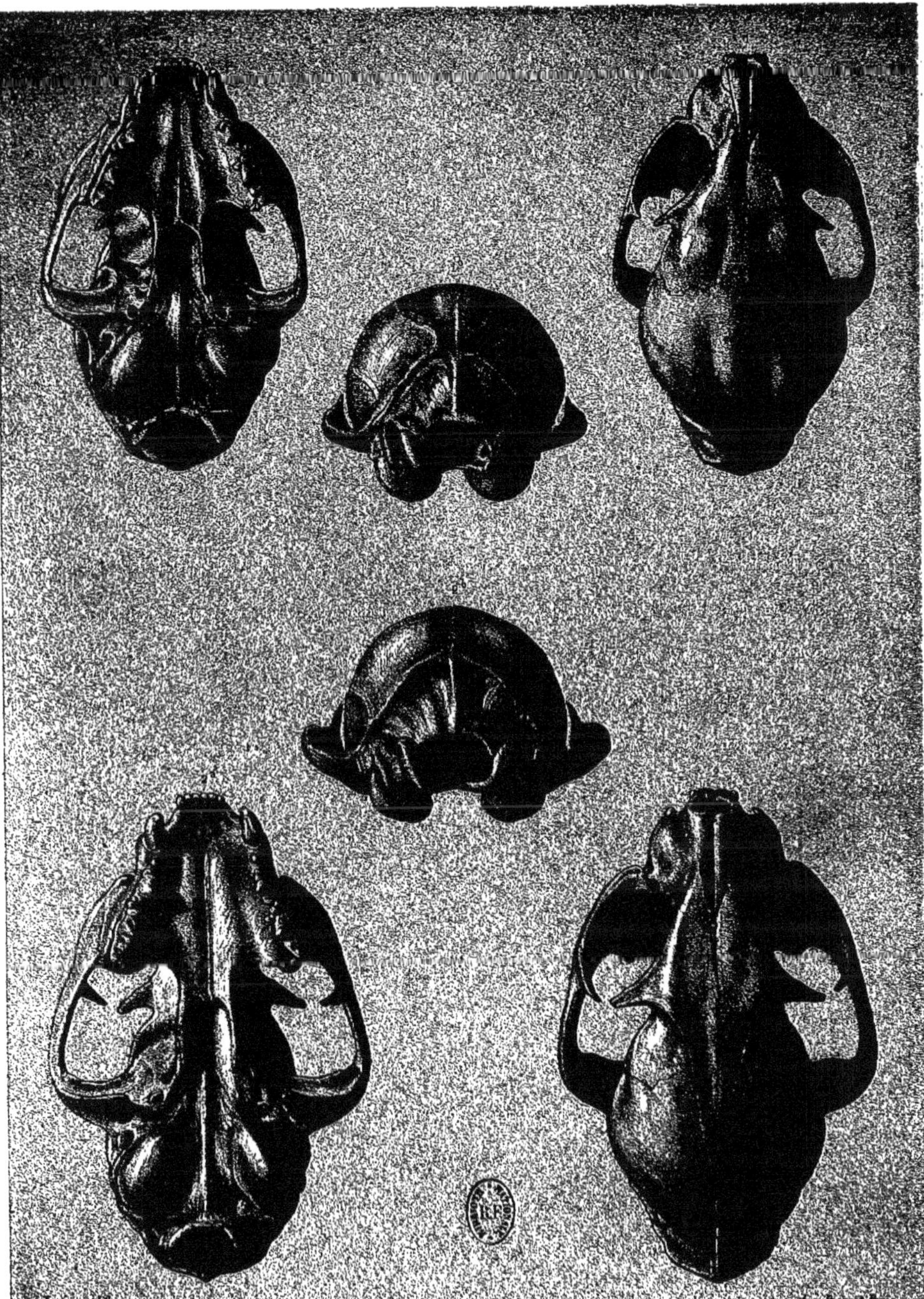

PLANCHE 31[b].

Fig. 1. — Tête osseuse du Chat à petites oreilles (**Felis microtis**, A. Milne Edwards), vue en dessus, de grandeur naturelle.

Fig. 1[a]. — La même, vue en dessous.

Fig. 1[b]. — Face postérieure du crâne.

Fig. 2. — Tête osseuse du Chat de Chine (**Felis chinensis**, Gray), vue en dessus, de grandeur naturelle.

Fig. 2[a]. — La même, vue en dessous.

Fig. 2[b]. — Face postérieure du crâne.

Huet pinx

Chromolith. G. Severeyns

PLANCHE 31[c]

Felis Manul (Pallas), individu mâle adulte tué dans la Mongolie chinoise et faisant partie des collections envoyées au Muséum par M Fontanier.

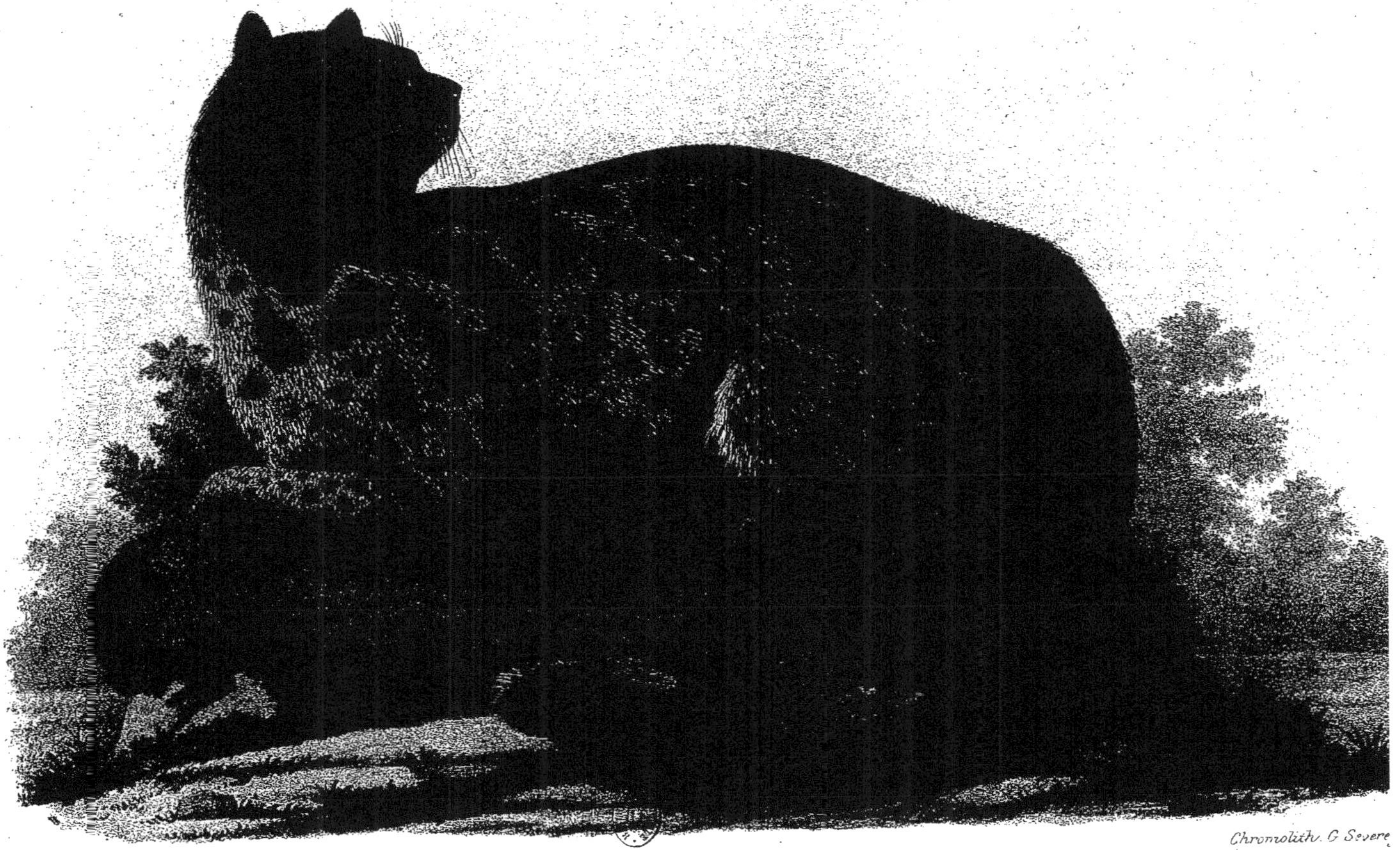

Huet pinx.

Chromolith. G Severe

PLANCHE 31[b].

Felis tristis (A. Milne Edwards). Individu mâle adulte, provenant de Chine et faisant partie des collections envoyées au Muséum par M. Fontanier.

Huet. Pinx.

Chromolith. G. Severeyns

PLANCHE 32.

Macacus Tcheliensis (A. Milne Edwards), femelle presque adulte, provenant de la cordilière de l'est de la province du Tché-ly, et faisant partie des collections rapportées au Muséum par M. Fontanier.

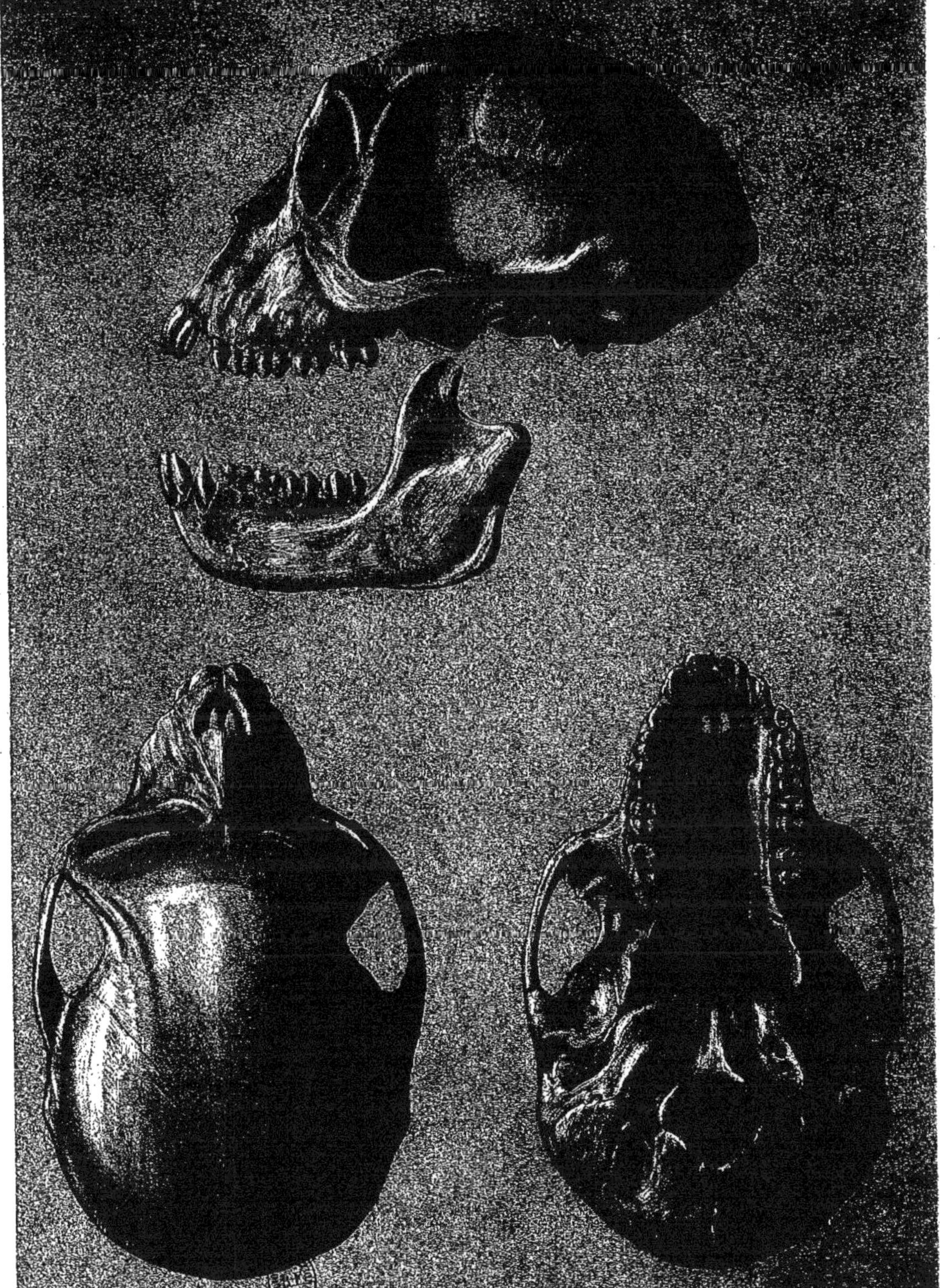

PLANCHE 33.

FIG. 1. — Tête osseuse du **Macacus Tchcliensis** (A. Milne Edwards), femelle, presque adulte, provenant de la cordilière de l'est de la province du Tché-ly (de grandeur naturelle).

FIG. 2. — La même, vue en dessus.

FIG. 3. — La même, vue en dessous. On peut voir sur cette figure que la dernière vraie molaire ne s'est pas encore montrée au dehors.

Huet pinx.

PLANCHE 34.

Macaque du Tibet (**Macacus Tibetanus**, A. Milne Edwards), individu mâle très-adulte, provenant des montagnes neigeuses de la principauté de Moupin.

(Cette figure est réduite des 3/4 de la grandeur naturelle.)

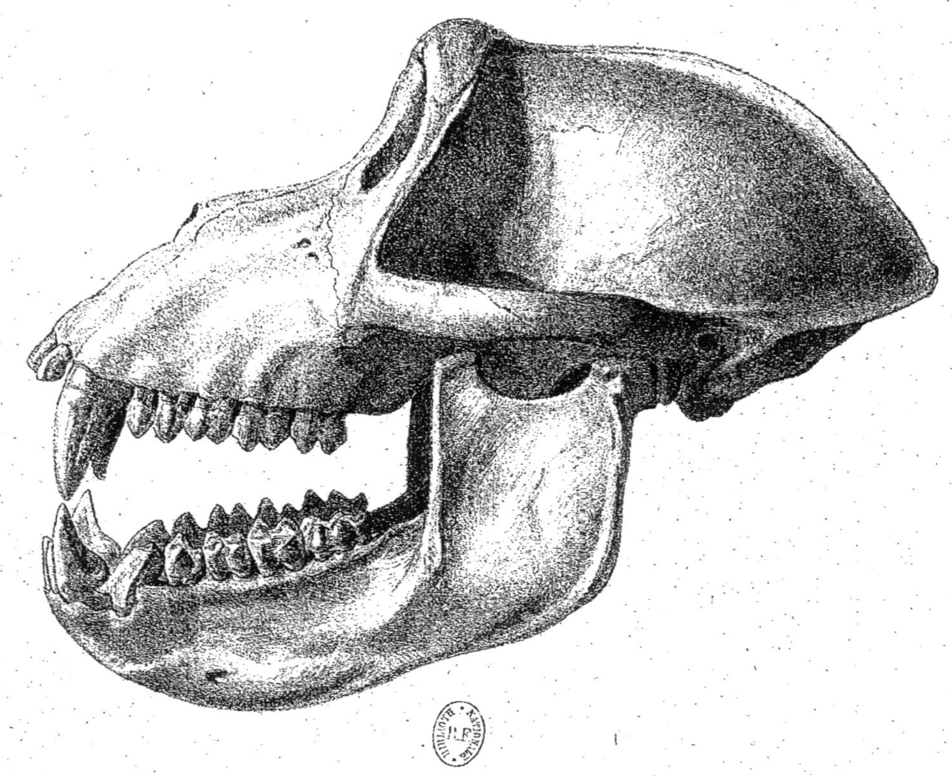

Imp. Becquet, Paris.

PLANCHE 35.

Tête osseuse d'un mâle très-adulte du **Macacus tibetanus** (A. Milne Edwards), espèce découverte par M. l'abbé David dans les montagnes de la principauté de Moupin.

Le crâne est vu de côté et représenté de grandeur naturelle.

Huet. Pinx. Chromolith. G. Severeyns

PLANCHE 36.

Rhinopithecus Roxellanæ (A. Milne Edwards), femelle très-adulte provenant des montagnes de la principauté de Moupin (Thibet oriental) et faisant partie des collections formées par M. l'abbé A. David (1/4 de grandeur naturelle).

PLANCHE 37.

FIG. 1. — Tête osseuse d'un **Rhinopithecus Roxellanæ** (A. Milne Edwards), mâle adulte, vue par sa face antérieure.

FIG. 2. — Tête osseuse d'une femelle adulte, vue en dessus.

FIG. 3. — Face inférieure de la même.

(Ces figures sont représentées de grandeur naturelle.)

...pinx.

Chromolith. G. Severeyns.

PLANCHE 37[A].

Fig. 1. — **Rhinolophus larvatus** (A. Milne Edwards), femelle adulte découverte dans la principauté de Moupin, par M. l'abbé A. David.

Fig. 1[a]. — Tête de la même espèce vue de profil.

Fig. 2. — **Vespertilio moupinensis** (A. Edwards). Chauve-souris provenant de la même localité et faisant partie des collections rapportées par M. l'abbé A. David.

Fig. 2[a]. — Tête de la même espèce vue de profil.

...t pinx   Chromolith. G. Severeyns

PLANCHE 37^B.

FIG. 1. — **Murina aurata** (A. Milne Edwards), mâle adulte provenant du Tibet oriental et rapporté par M. l'abbé A. David.

FIG. 1^a. — Tête de la même espèce vue de profil.

FIG. 1^b. — Museau vu en avant, un peu grossi et montrant les narines tubulaires.

FIG. 2. — **Murina leucogaster** (A. Edwards), mâle adulte provenant du Tibet oriental et rapporté par M. l'abbé A. David.

FIG. 2^a. — Tête vue de profil.

FIG. 2^b. — Museau vu en dessous, un peu grossi et montrant les narines tubulaires.

FIG. 2^c. — Museau vu en dessus.

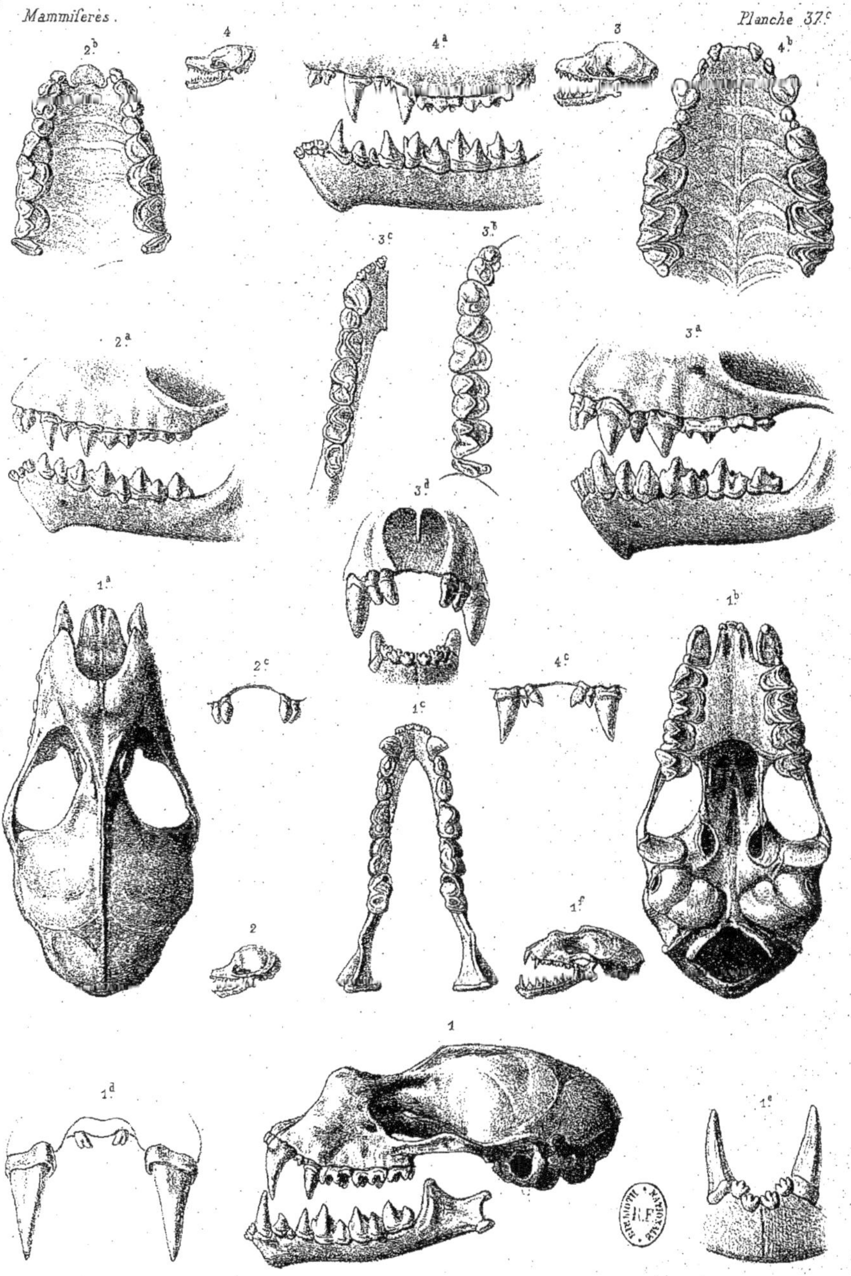

Louveau lith. Imp. Becquet, Paris.

PLANCHE 37^{c}.

FIG. 1. — Tête osseuse, grossie, du **Rhinolophus larvatus** (A. Milne Edwards).

FIG. 1^{a}. — Face supérieure de la tête.

FIG 1^{b}. — Face inférieure de la tête.

FIG. 1^{c}. — Mâchoire inférieure.

FIG. 1^{d}. — Incisives et canines de la mâchoire supérieure.

FIG. 1^{e}. — Incisives et canines de la mâchoire inférieure.

FIG. 1^{f}. — Tête osseuse de grandeur naturelle.

FIG. 2. — Tête osseuse de grandeur naturelle de la **Murina aurata** (A. Milne Edwards).

FIG. 2^{a}. — Partie antérieure de la tête grossie et vue de profil, pour montrer la série des dents.

FIG. 2^{b}. — Mâchoire supérieure.

FIG. 2^{c}. — Incisives de la mâchoire supérieure.

FIG. 3. — Tête osseuse, de grandeur naturelle, de la **Murina leucogaster** (A. Milne Edwards).

FIG. 3^{a}. — Partie antérieure de la tête grossie et vue de profil, pour montrer la série des dents.

FIG. 3^{b}. — Série des dents de la mâchoire supérieure.

FIG. 3^{c}. — Série des dents de la mâchoire inférieure.

FIG. 3^{d}. — Incisives et canines vues par leur face antérieure.

FIG. 4. — Tête osseuse de grandeur naturelle du **Vespertilio moupinensis** (A. Milne Edwards).

FIG. 4^{a}. — Partie antérieure de la tête grossie et vue de profil, pour montrer la série des dents.

FIG. 4^{b}. — Dents de la mâchoire supérieure.

FIG. 4^{c}. — Incisives et canines de la mâchoire supérieure.

1.

...uet. Pinx. *Chromolith. G. Severeyns*

PLANCHE 38.

FIG. 1. — **Anourosorex squamipes** (A. Milne Edwards), de grandeur naturelle. Animal habitant le Tibet oriental et faisant partie des collections envoyées au Muséum d'histoire naturelle par M. l'abbé A. David.

FIG. 2. — **Talpa longirostris** (A. Milne Edwards), de grandeur naturelle. Même provenance.

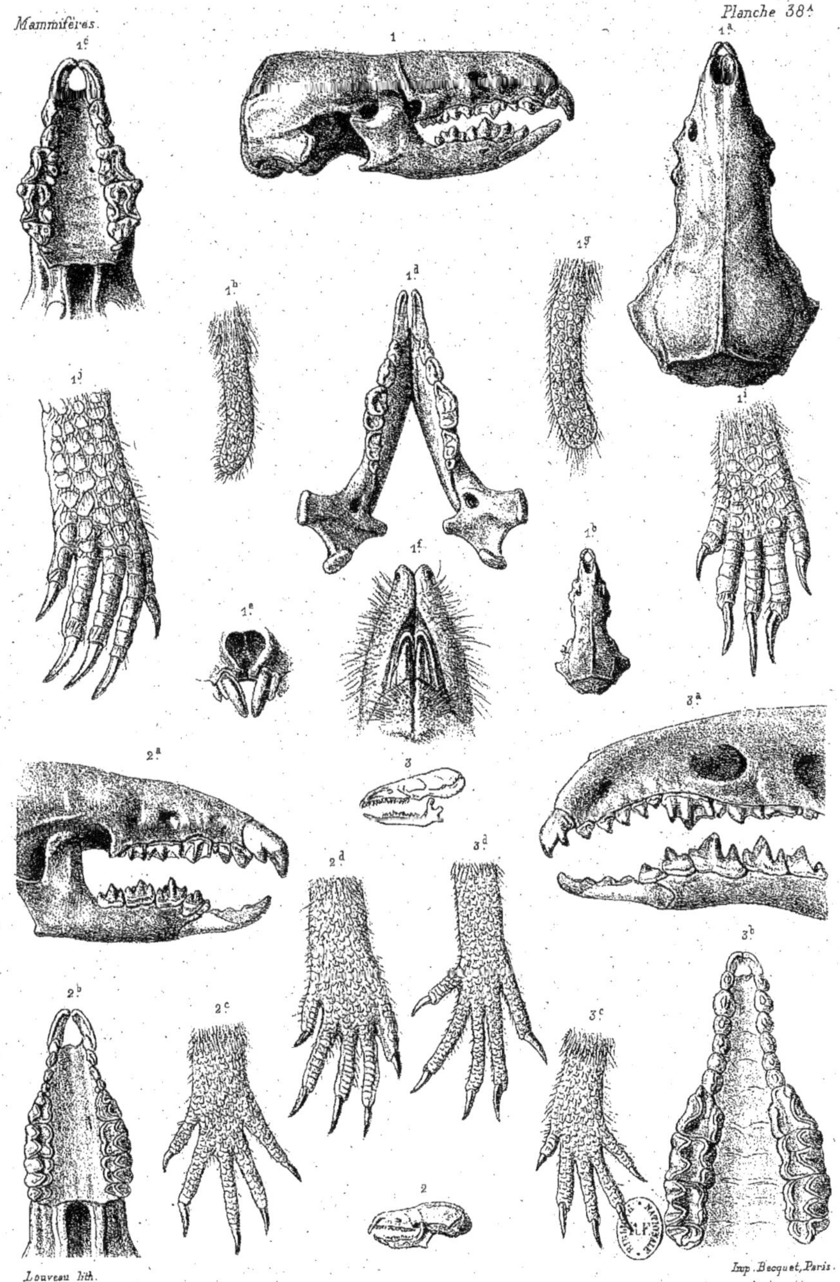

Louveau lith. Imp. Becquet, Paris.

PLANCHE 38^A.

FIG. 1. — Tête osseuse, grossie, de l'**Anourosorex squamipes** (A. Milne Edwards).
FIG. 1ª. — Face supérieure de la même.
FIG. 1ᵇ. — La même de grandeur naturelle.
FIG. 1ᶜ. — Dents de la mâchoire supérieure.
FIG. 1ᵈ. — Mâchoire inférieure.
FIG. 1ᵉ. — Incisives supérieures vues en avant.
FIG. 1ᶠ. — Museau vu en dessous et montrant la position des narines.
FIG. 1ᵍ. — Queue vue en dessous et grossie.
FIG. 1ʰ. — Face supérieure de la même.
FIG. 1ⁱ. — Patte antérieure vue en dessus.
FIG. 1ʲ. — Patte postérieure vue en dessus.
FIG. 2. — Tête osseuse de grandeur naturelle du **Sorex Quadraticauda.**
FIG. 2ª. — Partie antérieure de la tête grossie et montrant la série dentaire.
FIG. 2ᵇ. — Mâchoire supérieure.
FIG. 2ᶜ. — Patte antérieure vue en dessus.
FIG. 2ᵈ. — Patte postérieure grossie.
FIG. 3. — Tête osseuse de grandeur naturelle du **Sorex cylindricauda.**
FIG. 3ª. — Partie antérieure de la tête grossie et montrant la série des dents.
FIG. 3ᵇ. — Mâchoire supérieure.
FIG. 3ᶜ. — Patte antérieure vue en dessus.
FIG. 3ᵈ. — Patte postérieure vue en dessus.

4

1

2 3

Huet pinx. *Chromolith. G. Severeyns*

PLANCHE 38B.

FIG. 1. — **Crocidura attenuata** (A. Milne Edwards). Musaraigne de la principauté de Moupin, représentée de grandeur naturelle, ainsi que les espèces suivantes.

FIG. 2. — **Sorex quadraticauda** (A. Milne Edwards). Musaraigne provenant du Moupin.

FIG. 3. — **Sorex cylindricauda** (A. Milne Edwards). Musaraigne provenant du Moupin.

FIG. 4. — **Scaptonyx fusicaudatus** (A. Milne Edwards), provenant de la frontière du Khokhonoor et du Sé-tchouan.

(Tous ces Insectivores font partie des collections rapportées par M. l'abbé A. David.)

Huet pinx

Chromolith. G. Severeyns

PLANCHE 39.

Nectogale elegans (A. Milne Edwards), espèce trouvée par M. l'abbé David sur les rives des torrents de la principauté de Moupin.

Ces insectivores sont représentés de grandeur naturelle ; l'un d'eux, à moitié plongé dans l'eau, montre les reflets chatoyants que prennent les poils les plus longs lorsqu'ils sont mouillés.

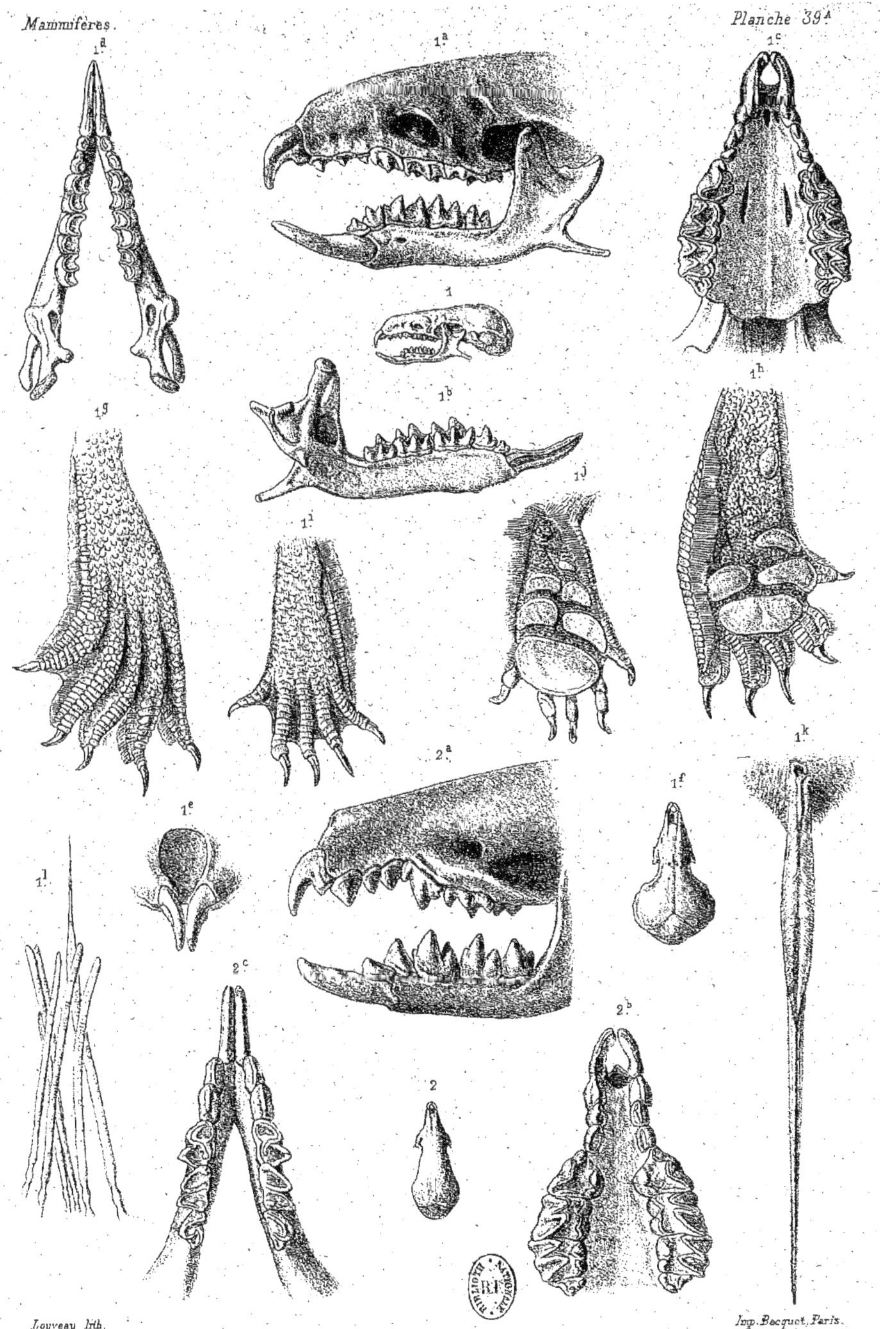

Louveau lith. Imp. Becquet, Paris.

PLANCHE 39ᴬ.

Fig. 1. — Tête osseuse du **Nectogale elegans** (A. Milne Edwards) de grandeur naturelle et vue de profil.

Fig. 1^{a}. — Partie antérieure de la tête grossie et montrant la série des dents.

Fig. 1^{b}. — L'une des branches de la mâchoire vue en dedans.

Fig. 1^{c}. — Mâchoire supérieure.

Fig. 1^{d}. — Mâchoire inférieure grossie.

Fig. 1^{e}. — Incisives supérieures vues en avant.

Fig. 1^{f}. — Tête osseuse vue en dessus et de grandeur naturelle.

Fig. 1^{g}. — Patte postérieure grossie.

Fig. 1^{h}. — Face plantaire de la même.

Fig. 1^{i}. — Patte antérieure grossie.

Fig. 1^{j}. — Face palmaire de la même.

Fig. 1^{k}. — Queue de grandeur naturelle et représentée en dessous, pour montrer la disposition des bordures de poils.

Fig. 1^{l}. — Poils de la bordure des pattes, grossis.

Fig. 2. — Tête osseuse de la **Crocidura attenuata** (A. Milne Edwards) vue en dessus et de grandeur naturelle.

Fig. 2^{a}. — Partie antérieure de la tête grossie et montrant la série des dents.

Fig. 2^{b}. — Série des dents de la mâchoire supérieure.

Fig. 2^{c}. — Série des dents de la mâchoire inférieure.

Huet pinx.

Chromolith. G. Severeyns

PLANCHE 40.

FIG. 1. — **Uropsilus soricipes** (A. Milne Edwards), rapporté de la principauté de Moupin par M. l'abbé A. David et représenté de grandeur naturelle.

FIG. 2. — **Mus Chevrieri** (A. Milne Edwards), provenant de la même localité que l'espèce précédente et représenté de grandeur naturelle.

FIG. 3. — **Mus Ouang-Thomæ** (A. Milne Edwards), provenant du Kiang-si et rapporté par M. l'abbé A. David. (Représenté de grandeur naturelle.)

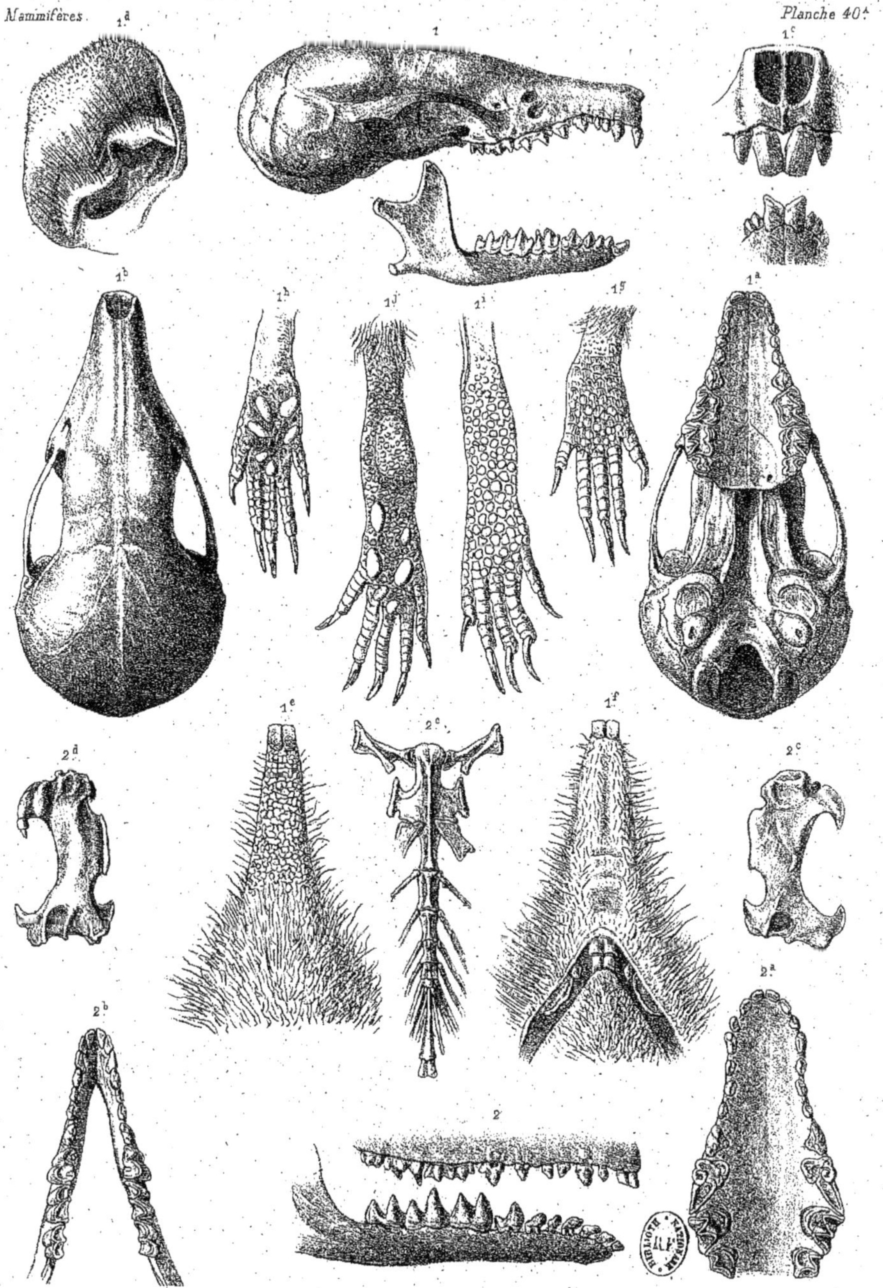

Louveau lith. Imp. Becquet, Paris.

PLANCHE 40^A.

FIG. 1. — Tête osseuse d'un **Uropsilus soricipes** (A. Milne Edwards), très-adulte, vue de côté et considérablement grossie.

FIG. 1^a. — Face inférieure de la tête.

FIG. 1^b. — Face supérieure de la tête.

FIG. 1^c. — Mâchoires vues en avant et montrant la disposition des incisives.

FIG. 1^d. — Oreille de la même espèce.

FIG. 1^e. — Face supérieure du museau, s'avançant en forme de trompe.

FIG. 1^f. — Face inférieure du museau.

FIG. 1^g. — Patte antérieure vue en dessus.

FIG. 1^h. — Face palmaire de la même.

FIG. 1^i. — Patte postérieure vue en dessus.

FIG. 1^j. — Face plantaire de la même.

FIG. 2. — Mâchoires du **Scaptonyx fusicauda** (A. Milne Edwards) vues de côté et considérablement grossies.

FIG. 2^a. — Mâchoire supérieure vue en dessous.

FIG. 2^b. — Mâchoire inférieure vue en dessus.

FIG. 2^c. — Humérus vu par sa face antérieure.

FIG. 2^d. — Face postérieure du même os.

FIG. 2^e. — Sternum et clavicule de la même espèce.

Toutes ces figures sont considérablement grossies.

2.

Huet. Pinx.

Chromolith. G. Severeyns

1.

PLANCHE 41.

FIG. 1. — **Mus humiliatus** (A. Milne Edwards). Rat provenant de Pékin et de la Mongolie chinoise, où il a été trouvé par M. l'abbé A. David.

(Cette figure est réduite d'un sixième.)

FIG. 2. — **Mus Confucianus** (A. Milne Edwards). Rat à ventre blanc, provenant de la principauté de Moupin, et faisant partie des collections de M. l'abbé A. David.

(Cette figure est réduite d'un cinquième.)

1.

Huet. Pinx. 2. Chromolith. G. Severeyns

PLANCHE 42.

FIG. 1. — **Mus flavipectus** (A. Milne Edwards). Rat à ventre jaune, trouvé par M. l'abbé A. David dans les environs de Moupin.

(Cette figure est réduite d'un quart.)

FIG. 2. — **Mus griseipectus** (A. Milne Edwards). Rat à ventre gris, provenant du Sé-tchouan et faisant partie des collections recueillies par M. l'abbé A. David.

(Cette figure est réduite d'un quart.)

Huet pinx. Chromolith. G. Severeyns

PLANCHE 43.

FIG. 1. — **Mus pygmæus** (A. Milne Edwards). Rat pygmée, provenant de la principauté de Moupin, et faisant partie des collections de M. l'abbé A. David.

(De grandeur naturelle.)

FIG. 2. — **Mus plumbeus** (A. Milne Edwards). Rat trouvé par M. l'abbé A. David à Suen-hoa-fou, dans la partie occidentale du Tchély.

(Cette figure est réduite d'un cinquième.)

1

2

Huet pinx.

Chromolith. G. Severeyns

PLANCHE 44.

Fig. 1. — **Arvicola melanogaster** (A. Milne Edwards). Campagnol à ventre noir trouvé par M. l'abbé A. David dans la principauté de Moupin et dans le Se-tchouan.

(De grandeur naturelle.)

Fig. 2. — Variété brune de la même espèce et provenant des mêmes localités.

Huet pinx — Chromolith. G. Severeyns

PLANCHE 45.

Pteromys albo-rufus (A. Milne Edwards). Écureuil volant adulte provenant des montagnes méridionales de la principauté de Moupin, et faisant partie des collections formées par M. l'abbé A. David.

(Cette figure est réduite de moitié.)

Huet pinx.

Chromolith. G Severeyns

PLANCHE 46.

Rhizomys vestitus (A. Milne Edwards). Individu adulte trouvé par M. l'abbé A. David sur les confins du Kokonoor.

(Cette figure est réduite d'un tiers.)

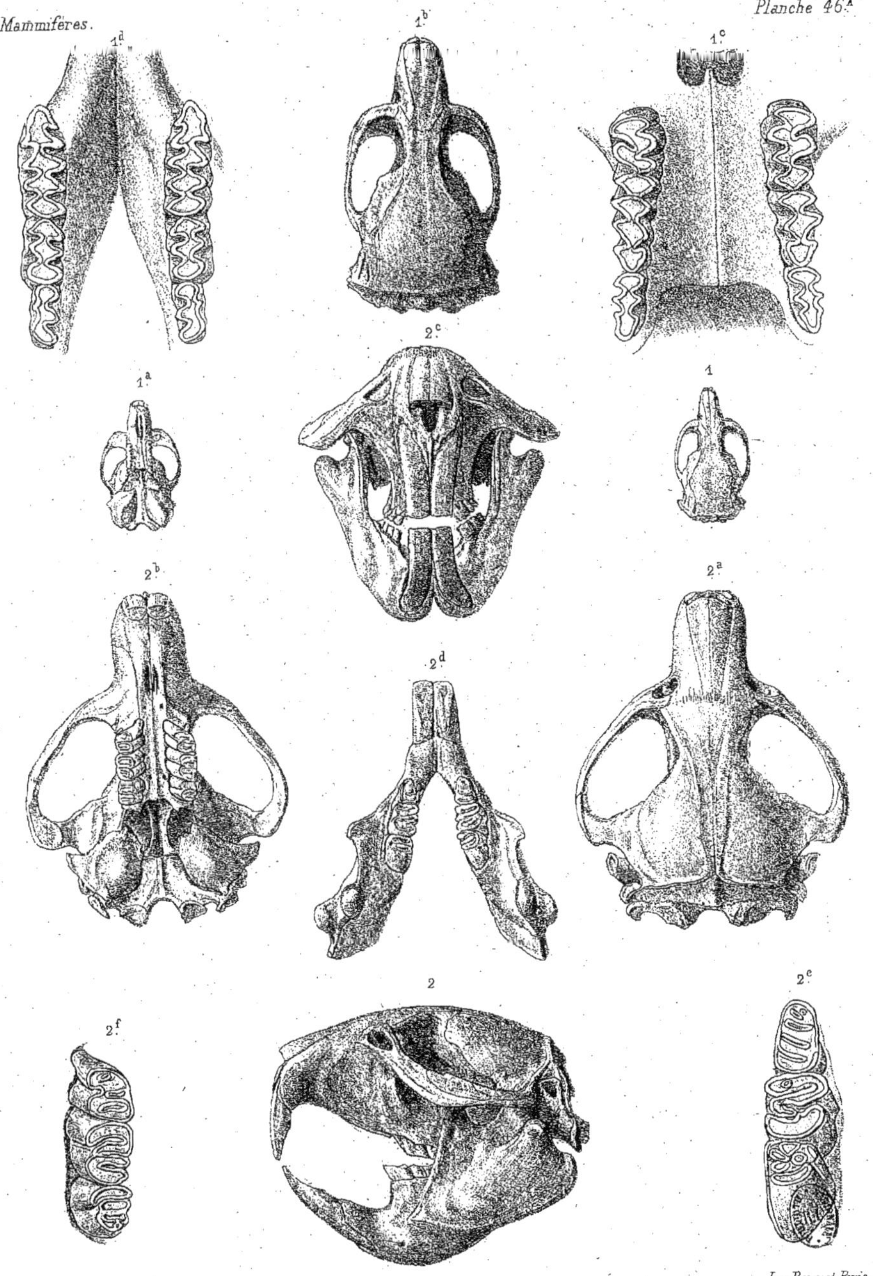

Louveau lith.

Imp. Becquet, Paris.

PLANCHE 46A.

FIG. 1. — Tête osseuse de l'**Arvicola melanogaster** (A. Milne Edwards). Campagnol provenant du Sé-tchouan et du Moupin. (Cette figure est représentée de grandeur naturelle.)

FIG. 1a. — Face inférieure de la tête.

FIG. 1b. — La même, grossie et vue en dessus.

FIG. 1c. — Série des molaires supérieures, très-grossies.

FIG. 1d. — Série des molaires inférieures, très-grossies.

FIG. 2. — Tête osseuse du **Rhyzomys vestitus** (A. Milne Edwards), espèce de Rat-taupe vivant au Khokhonoor. (Cette figure est de grandeur naturelle.)

FIG. 2a. — Tête de la même espèce vue en dessus.

FIG. 2b. — Face inférieure de la même.

FIG. 2c. — Tête vue en avant et montrant les incisives.

FIG. 2d. — Mâchoire inférieure vue en dessus.

FIG. 2e. — Molaires inférieures, grossies.

FIG. 2f. — Molaires supérieures, grossies.

Huet pinx.

Chromolith. G. Severeyns.

PLANCHE 47.

Arctomys robustus (A. Milne Edwards). Femelle adulte provenant des hautes montagnes du Tibet oriental et rapportée par M. l'abbé A. David.

(Cette figure est considérablement réduite.)

Louveau lith. Imp. Becquet, Paris.

PLANCHE 48.

Lagomys tibetanus (A. Milne Edwards), adulte provenant des montagnes de la principauté de Moupin et rapporté au Muséum par M. l'abbé A. David.

(L'animal est figuré de grandeur naturelle.)

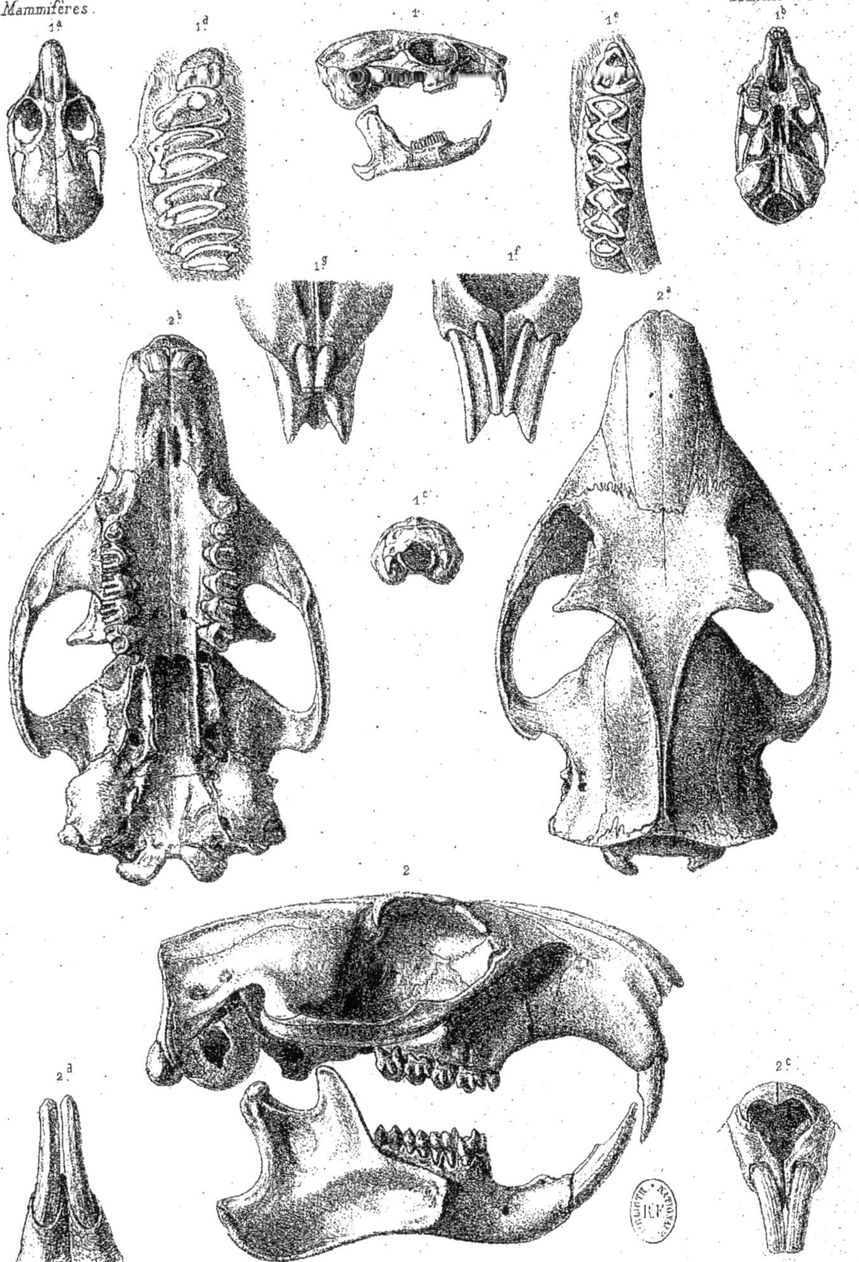

Louveau lith.

Imp. Becquet, Paris.

PLANCHE 49.

FIG. 1. — Tête osseuse de grandeur naturelle du **Lagomys tibetanus** (A. Milne Edwards), espèce provenant des montagnes de la principauté de Moupin.

FIG. 1[a]. — Face supérieure de la tête.

FIG. 1[b]. — La même vue par sa face inférieure.

FIG. 1[c]. — Face occipitale de la tête.

FIG. 1[d]. — Série des molaires supérieures grossies.

FIG. 1[e]. — Série des molaires inférieures grossies.

FIG. 1[f]. — Incisives supérieures vues par leur face antérieure.

FIG. 1[g]. — Incisives supérieures vues en arrière.

FIG. 2. — Tête osseuse de grandeur naturelle d'un **Arctomys robustus** (A. Milne Edwards), faisant partie, ainsi que la précédente, des collections formées par M. l'abbé David.

FIG. 2[a]. — Face supérieure de la tête.

FIG. 2[b]. — Tête vue en dessous.

FIG. 2[c]. Incisives supérieures.

FIG. 2[d]. — Incisives inférieures.

PLANCHE 50.

Ailuropus Melanoleucus (A. Milne Edwards) ou **Ursus Melanoleucus** (A. David), individu femelle provenant des montagnes du Thibet oriental, d'où il a été envoyé au Muséum par M. l'abbé A. David (très-réduit)

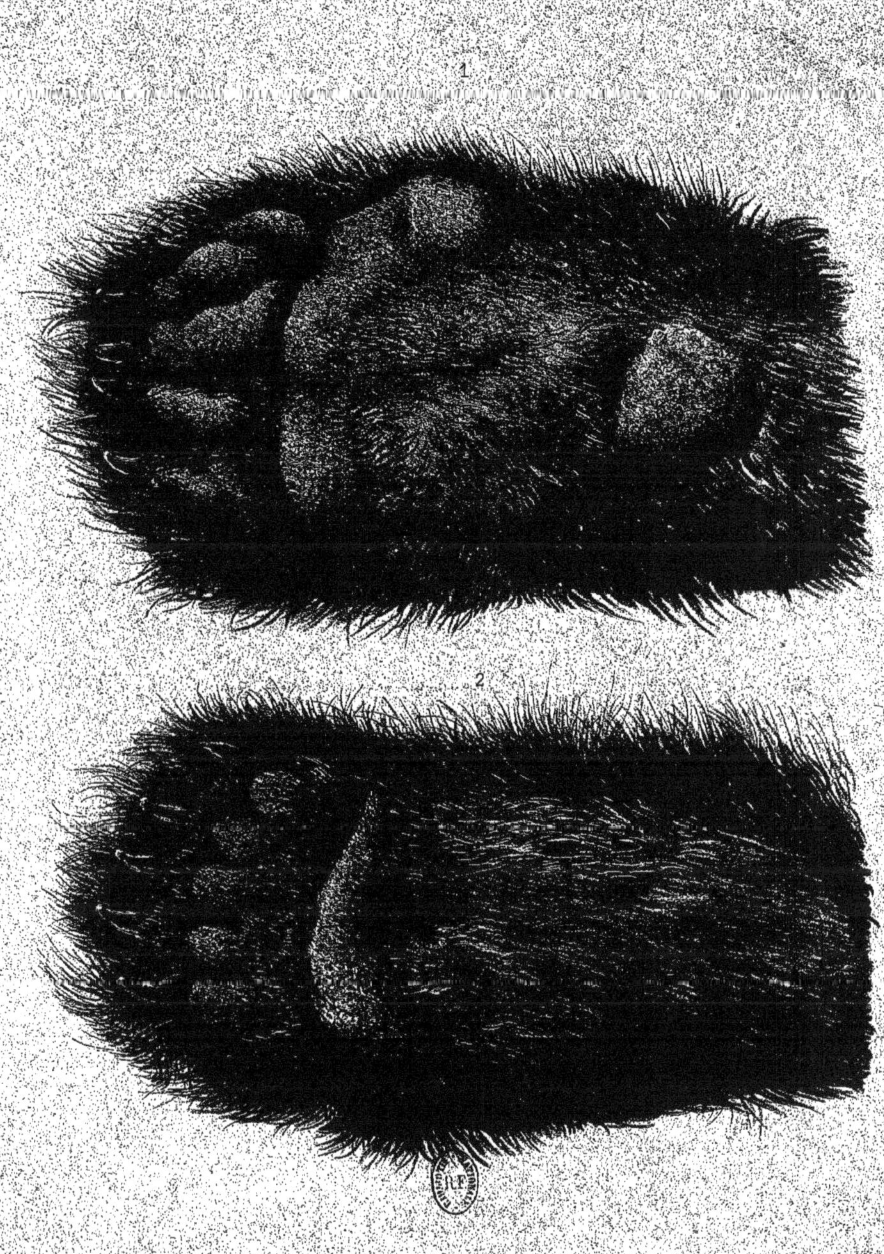

PLANCHE 51.

Face inférieure des pieds de l'**Ailuropus Melanoleucus** (A. Milne Edwards), — *Ursus Melanoleucus* (A. David).

Fig. 1. — Patte antérieure.
Fig. 2. — Patte postérieure.

Ces figures sont réduites de moitié.

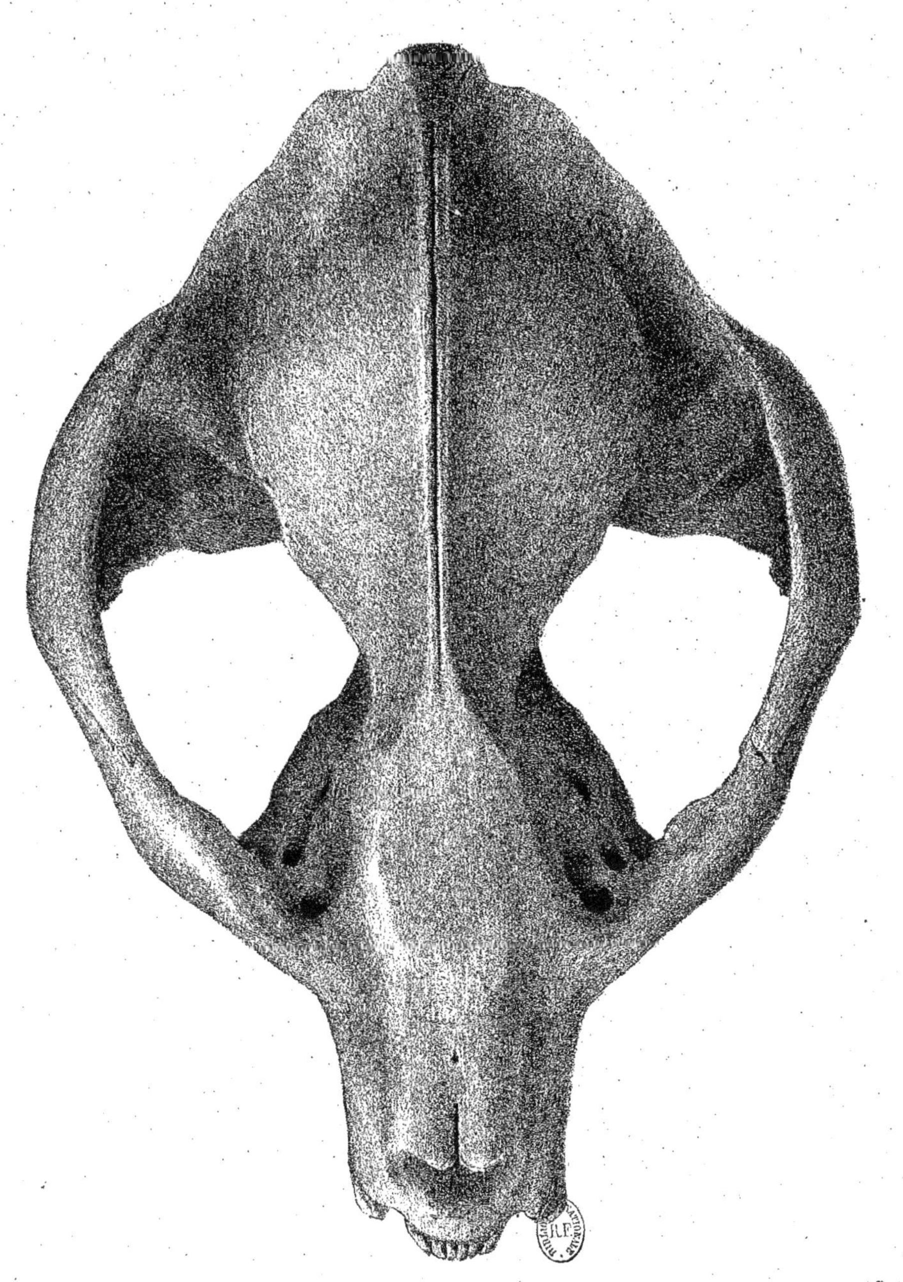

PLANCHE 52.

Tête osseuse de l'**Ailuropus Melanoleucus**, vue par sa face supérieure et réduite d'un sixième.

PLANCHE 53.

Tête osseuse de l'**Ailurópus Melanoleucus**, vue par sa face inférieure et réduite d'un sixième.

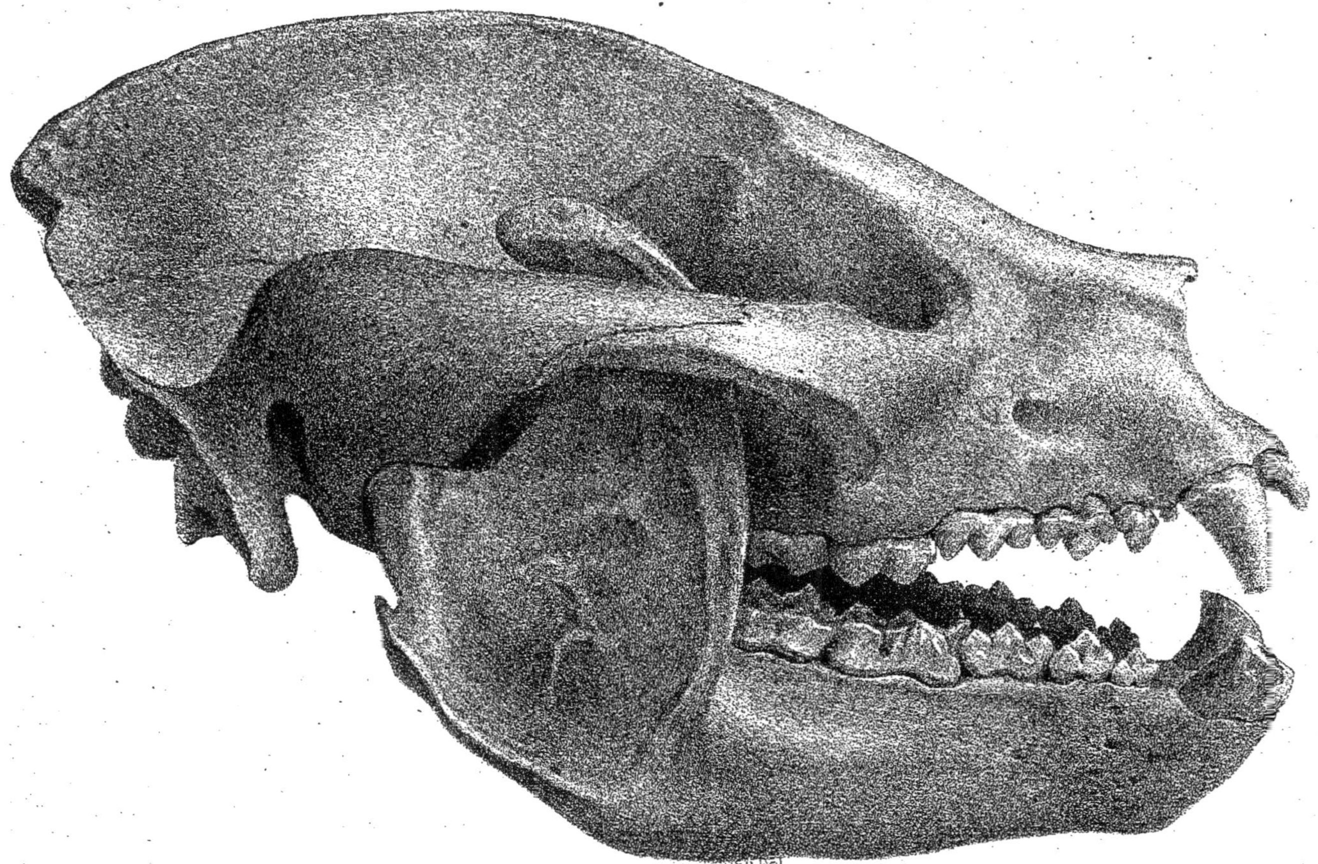

Imp. Becquet à Paris.

PLANCHE 54.

Tête osseuse de l'**Ailuropus Melanoleucus**, vue de côté et réduite d'un sixième.

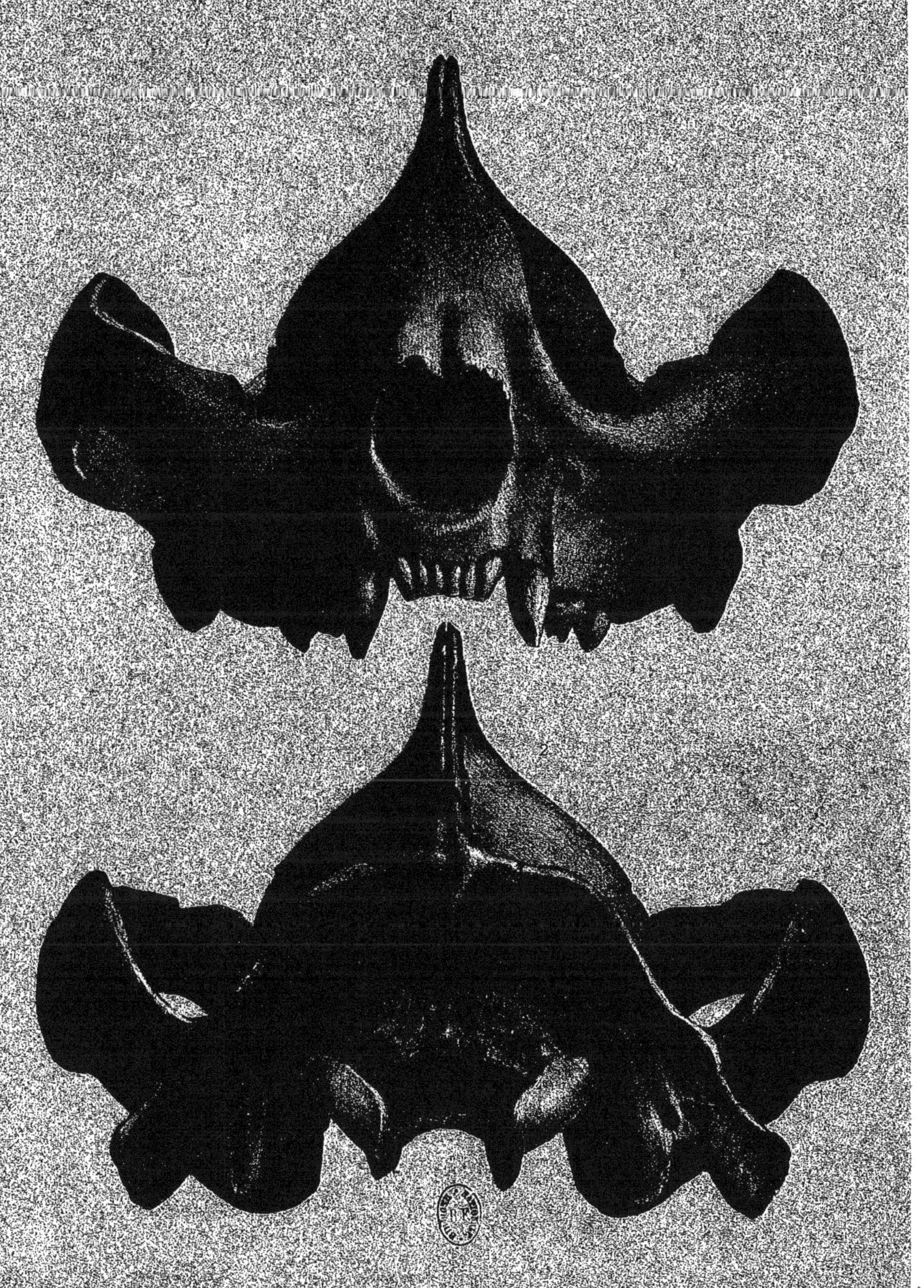
1
2

PLANCHE 55.

FIG. 1. — Tête osseuse de l'**Ailuropus Melanoleucus**, vue en avant et réduite d'un sixième, comme dans la figure suivante.

FIG. 2. — Face postérieure du crâne de la même espèce.

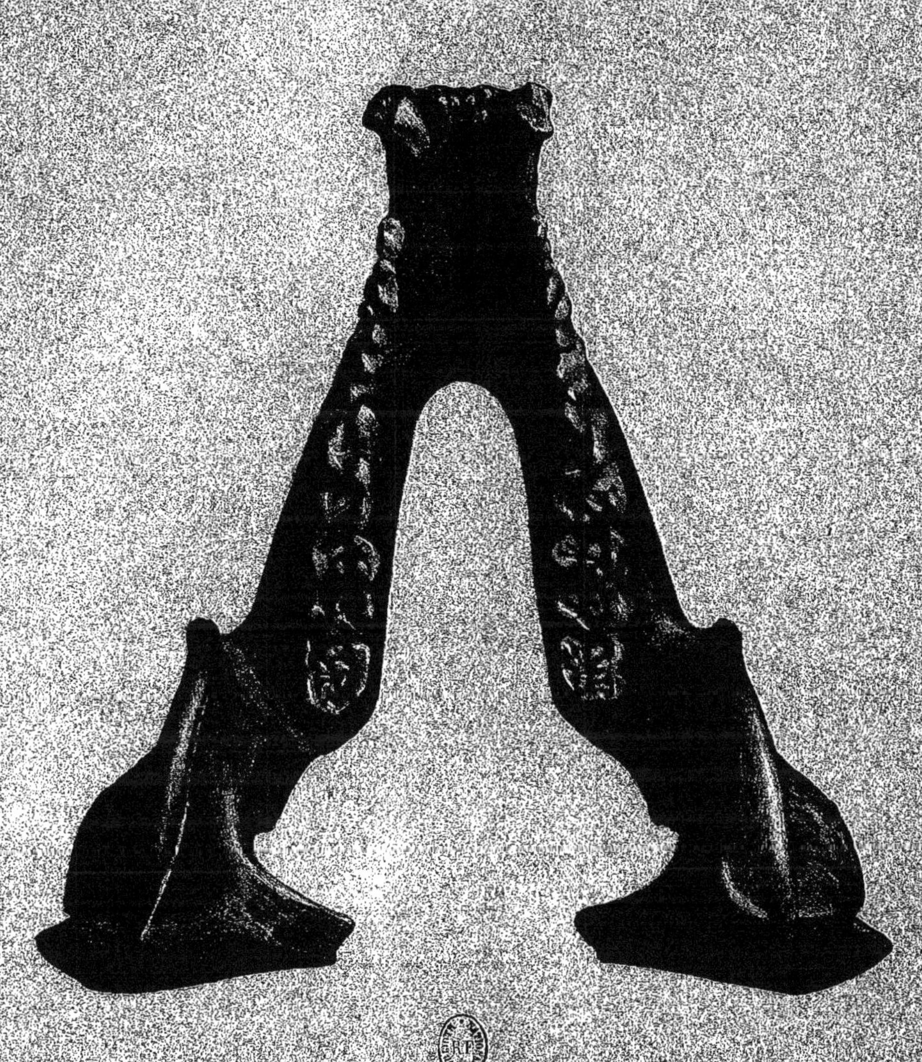

PLANCHE 56.

Mâchoire inférieure de l'**Ailuropus Melanoleucus** (A. Milne Edwards), — *Ursus Melanoleucus* (A. David), vue en dessus. Réduction de 1/6.

Hue pinx.

Chromolith. G. Severeyns

PLANCHE 57.

Felis scripta (A. Milne Edwards). Individu adulte, provenant du Tibet oriental et faisant partie des collections recueillies par M. l'abbé A. David.

(Cette figure est réduite de six dixièmes.)

58.

PLANCHE 58.

FIG. 1. — Crâne de **Felis scripta** du Tibet oriental (représenté de grandeur naturelle).

FIG. 1[a]. — Le même, vu en dessous.

FIG. 1[b]. — Face vue en avant.

FIG. 1[c]. — Mâchoire inférieure vue en dessus.

FIG. 2. — Crâne de l'**Arctonyx** du Chen-si, dont la description a été donnée page 340 (représenté de grandeur naturelle).

FIG. 2[a]. — Mâchoire inférieure vue en dessus.

FIG. 2[b]. — Portion symphysaire de la même, représentée en dessous.

FIG. 2[c]. — Portion antérieure de la mâchoire vue de côté.

FIG. 2[d]. — Face vue en avant.

Paris.

1

2

Louveau lith. Imp. Becquet, Paris.

PLANCHE 59.

FIG. 1. — **Putorius Davidianus** (A. Milne Edwards), provenant du Kiang-si (réduction d'un quart).

FIG. 2. — **Putorius moupinensis** (A. Milne Edwards), provenant de la principauté de Moupin (réduction d'un quart).

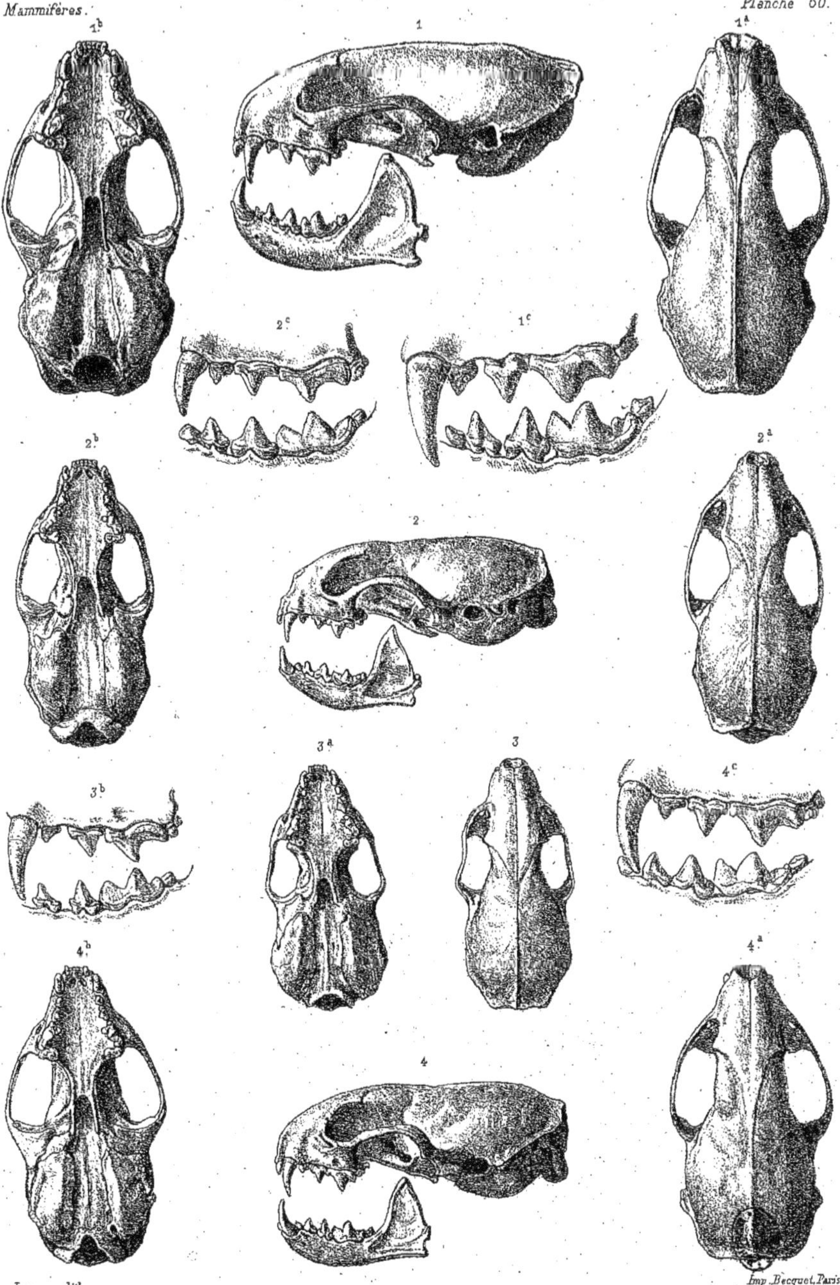

Louveau lith.

Imp. Becquet, Paris.

PLANCHE 60.

FIG. 1. — Tête osseuse d'un **Putorius sibiricus** (Pallas), adulte provenant de Tché-fou (de grandeur naturelle).

FIG. 1a. — Face supérieure de la tête.

FIG. 1b. — La même, vue par sa face inférieure.

FIG. 1c. — Dents vues de côté et grossies.

FIG. 2. — Tête osseuse d'un **Putorius Davidianus** (A. Milne Edwards), provenant du Kiang-si (de grandeur naturelle).

FIG. 2a. — Face supérieure de la tête.

FIG. 2b. — La même, vue par sa face inférieure.

FIG. 2c. — Dents vues de côté et grossies.

FIG. 3. — Tête osseuse d'un **Putorius astutus** (A. Milne Edwards), provenant de la principauté de Moupin (de grandeur naturelle).

FIG. 3a. — Face inférieure de la tête.

FIG. 3b. — Dents vues de côté et grossies.

FIG. 4. — Tête osseuse d'un **Putorius moupinensis** (A. Milne Edwards), provenant de la principauté de Moupin (de grandeur naturelle).

FIG. 4a. — Face supérieure de la tête.

FIG. 4b. — La même, vue par sa face inférieure.

FIG. 4c. — Dents vues de côté et grossies.

2.

Huet pinx
Chromolith. G. Severeyns

PLANCHE 61.

Fig. 1. — **Putorius Fontanierii** (A. Milne Edwards), individu adulte provenant des environs de Pékin et envoyé au Muséum par les soins de M. Fontanier.

(Cette figure est réduite d'un tiers.)

Fig. 2. — **Putorius astutus** (A. Milne Edwards), individu adulte découvert par M. l'abbé A. David sur les montagnes les plus élevées de la principauté de Moupin.

(Cette figure est réduite d'un tiers.)

Huët pinx.t

Imp. Becquet à Paris.

PLANCHE 62.

Meles (Arctonyx) obscurus (A. Milne Edwards). Individu mâle adulte provenant du Tibet oriental et rapporté par M. l'abbé A. David.

Hüet pinxit. Imp. Becquet Paris

PLANCHE 63.

Cervulus lacrymans (A. Milne Edwards), mâle adulte provenant de la principauté de Moupin et faisant partie des collections recueillies par M. l'abbé A. David.

PLANCHE 64.

FIG. 1. — Tête osseuse d'un **Cervulus lacrymans** (A. Milne Edwards), mâle adulte (les pédoncules frontaux sont incomplets).

FIG. 2. — Tête osseuse vue en dessous.

FIG. 3. — Face inférieure de la même.

(Ces figures sont réduites d'un quart.)

1
2

PLANCHE 65

FIG. 1. — **Cervus** (*Elaphodus*) **cephalophus** (A. Milne Edwards), femelle adulte provenant des montagnes de la principauté de Moupin.

FIG. 2. — Tête d'un mâle adulte.

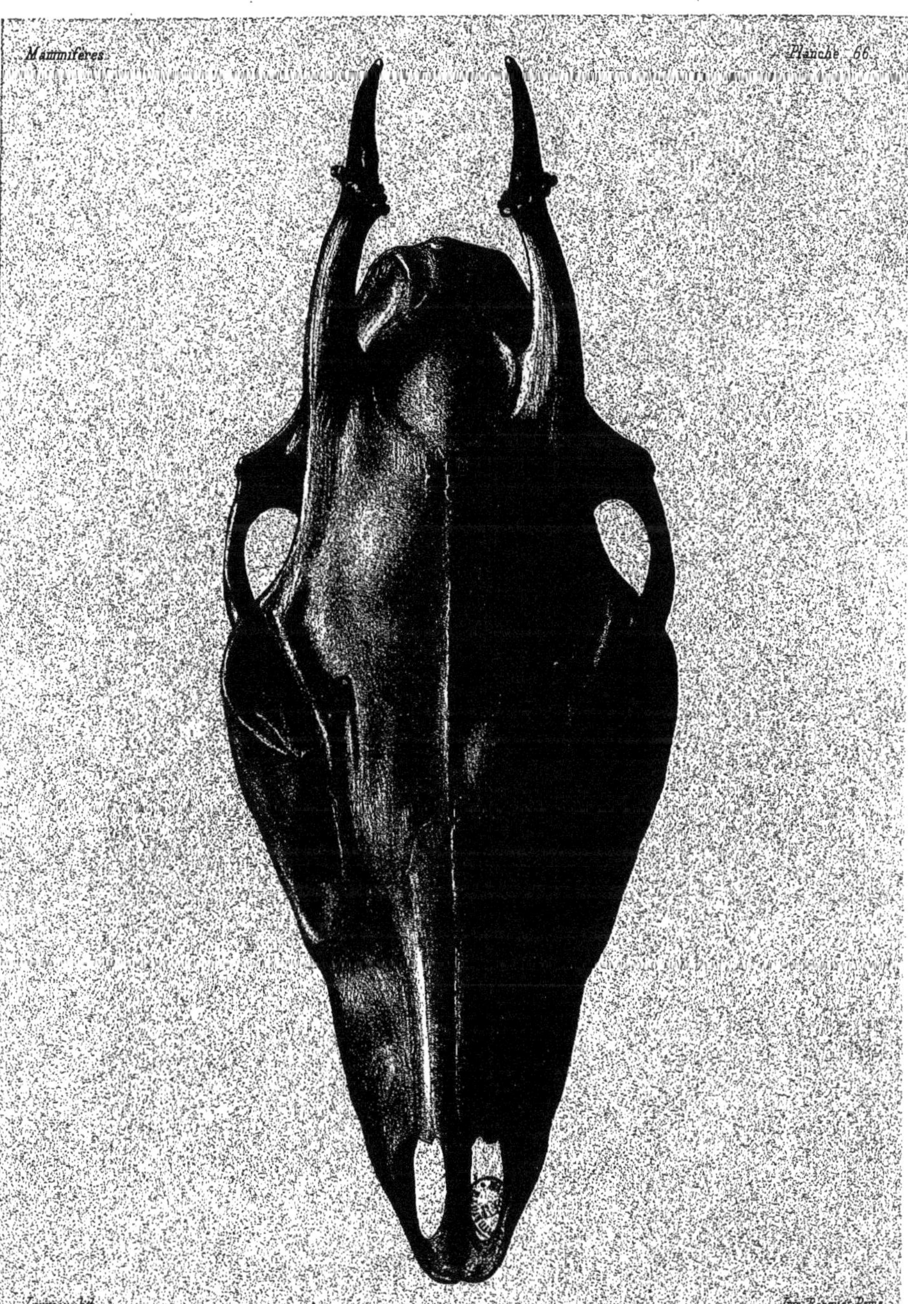

Louveau lith.
Imp. Becquet Paris.

PLANCHE 66.

Tête osseuse du **Cervus** (*Elaphodus*) **cephalophus** (A. Milne Edwards), provenant d'un individu mâle adulte tué dans les montagnes de la principauté de Moupin.

(De grandeur naturelle.)

PLANCHE 67.

Tête osseuse du **Cervus** (*Elaphodus*) **cephalophus** (A. Milne Edwards), provenant d'un individu mâle adulte tué dans les montagnes de la principauté de Moupin.

(Cette tête est vue de côté et représentée de grandeur naturelle.)

Huët pinx.t

Imp. Becquet, Paris.

PLANCHE 68.

Ovis Nahoor (Hodgson). Individu mâle provenant de la principauté de Moupin et rapporté par M. l'abbé A. David.

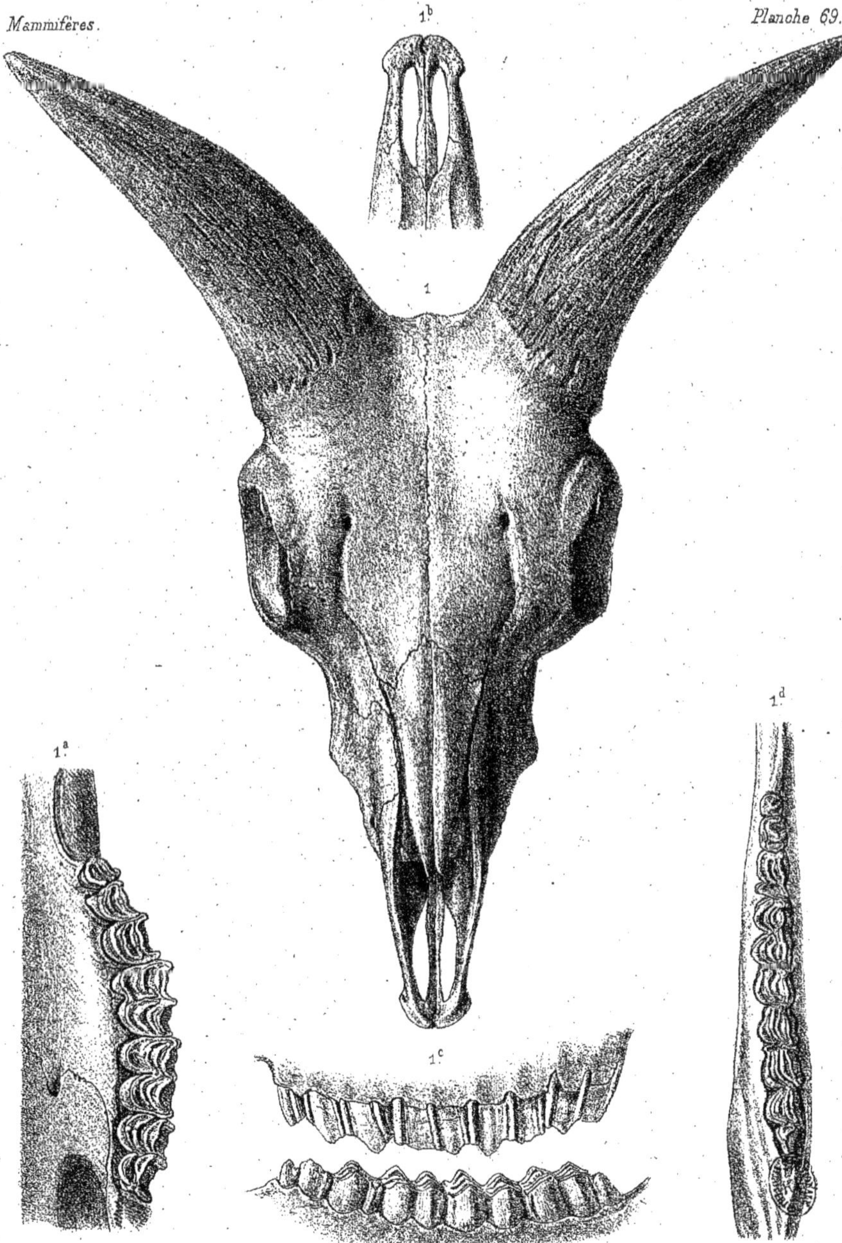

Louveau lith.

Imp. Becquet, Paris.

PLANCHE 69.

FIG. 1. — Tête osseuse d'un **Ovis Nahoor**, mâle; réduite au 3/5 de la grandeur naturelle.

FIG. 1[a]. — Série des molaires supérieures, vues par leur face triturante et de grandeur naturelle.

FIG. 1[b]. — Partie antérieure de la tête vue en dessous et un peu réduite.

FIG. 1[c]. — Molaires inférieures et supérieures, vues de côté et de grandeur naturelle.

FIG. 1[d]. — Molaires inférieures, vues en dessus et de grandeur naturelle.

Huët pinx.t Imp. Becquet, Paris.

PLANCHE 70.

Antilope (Nemorhedus) cinerea (A. Milne Edwards). Femelle provenant du Tibet oriental, et rapportée par M. l'abbé A. David.

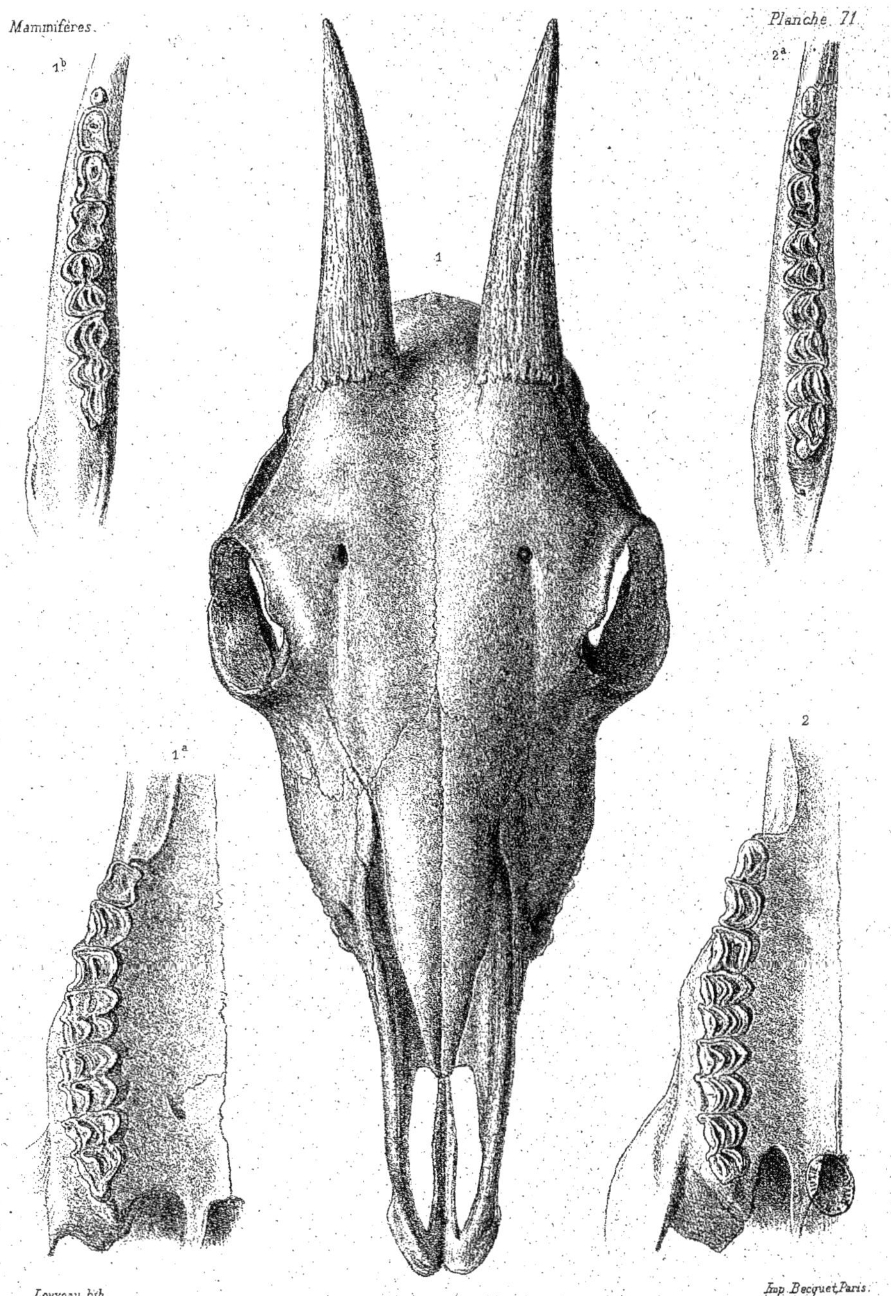

Louveau lith.
Imp. Becquet, Paris.

PLANCHE 71.

FIG. 1. — Tête osseuse de l'**Antilope (Næmorhedus) cinerea** (A. Milne Edwards), vue en dessus et réduite d'un sixième.

FIG. 1a. — Série des molaires supérieures, de grandeur naturelle, ainsi que les figures suivantes.

FIG. 1b. — Série des molaires inférieures.

FIG. 2. — Série des molaires supérieures de l'**Antilope (Næmorhedus) grisea** (A. Milne Edwards).

FIG. 2a. — Série des molaires inférieures de la même espèce.

1

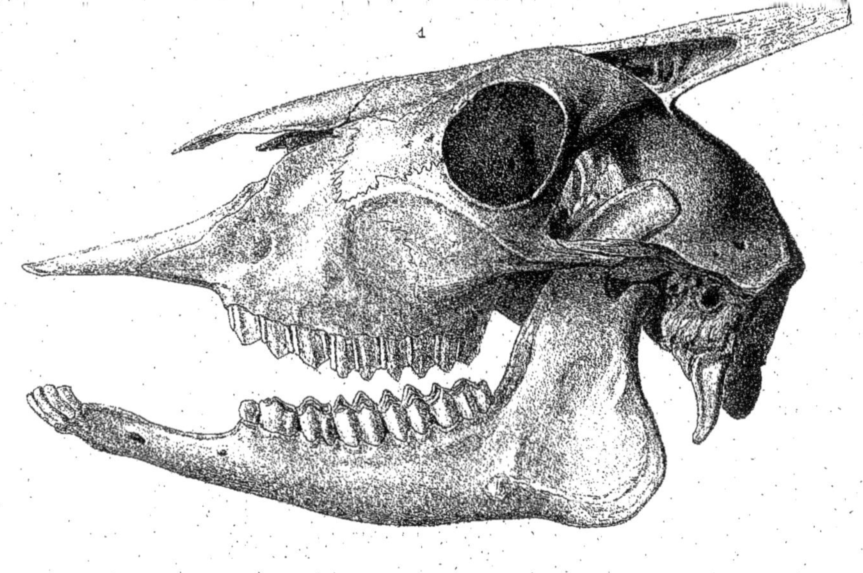

2

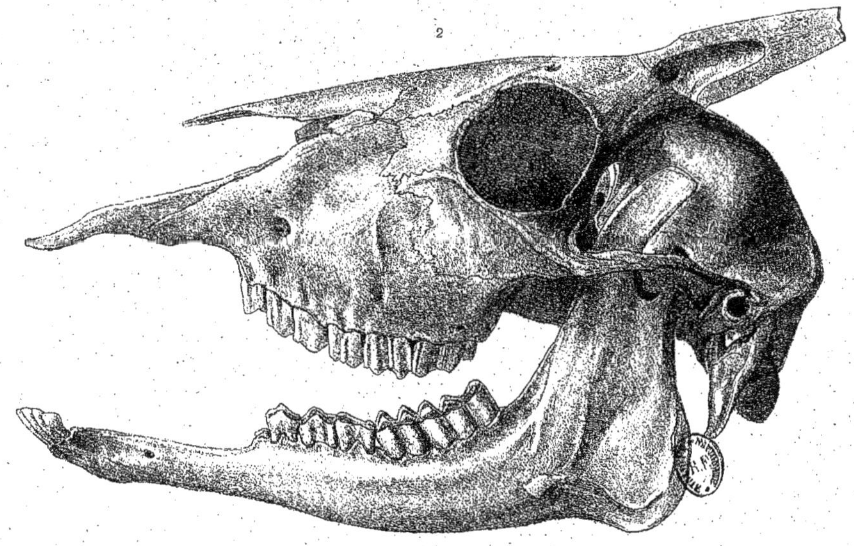

Louveau lith. Imp. Becquet, Paris.

PLANCHE 71 A.

FIG. 1. — Tête osseuse de l'**Antilope** (**Nemorhedus**) **grisea** (A. Milne Edwards). Individu femelle provenant du Tibet oriental. (Cette figure est réduite d'un tiers.)

FIG. 2. — Tête osseuse de l'**Antilope** (**Nemorhedus**) **cinerea** (A. Milne Edwards). Individu femelle provenant du Tibet oriental. (Cette figure est réduite d'un tiers.)

Just pinx

Chromolith. G. Severeyns

PLANCHE 72.

Antilope (Nemorhedus) Edwardsii (A. David). Individu mâle provenant des montagnes du Tibet oriental et rapporté par M. l'abbé A. David.

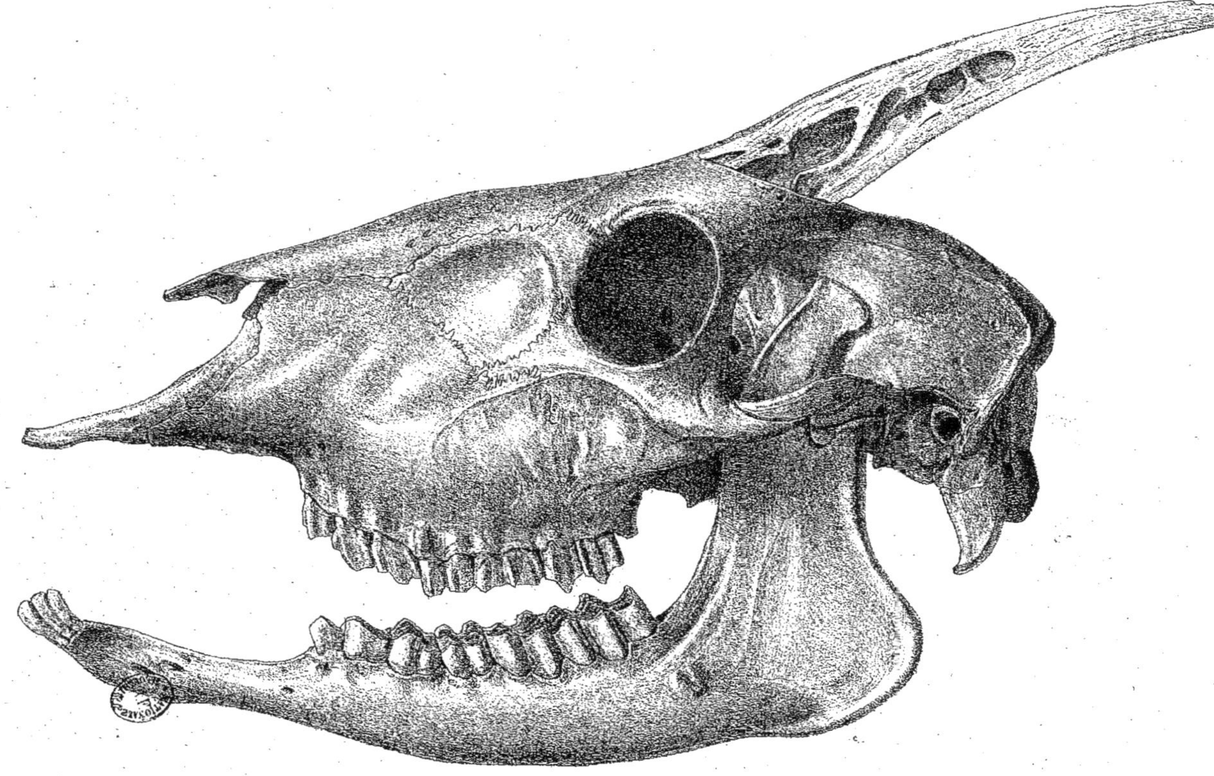

Louveau lith.

Imp. Becquet, Paris.

PLANCHE 73.

Tête osseuse de l'**Antilope (Næmorhedus) Edwardsii** (A. David), vue de côté.

Cette espèce provient des montagnes du Tibet oriental, et y a été découverte par M. l'abbé A. David.

(Cette figure est réduite d'un tiers.)

1/9

F. Bocourt pinx.
Chromolith. G. Severeyns.

PLANCHE 74.

Budorcas taxicola tibetana. Un mâle adulte et un jeune provenant des montagnes du Tibet oriental.

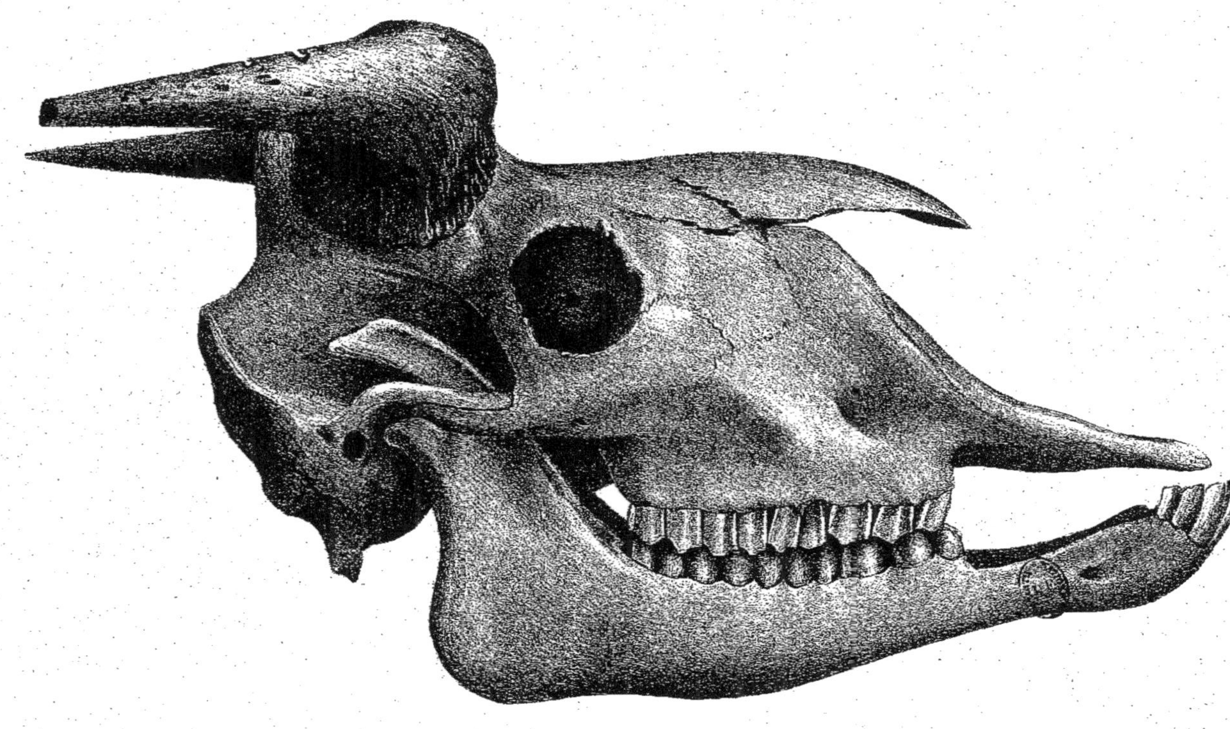

Noël lith.

Imp. Becquet, Paris.

PLANCHE 75.

Tête osseuse du **Budorcas taxicola tibetana**, provenant d'un mâle adulte tué dans les montagnes de la principauté de Moupin.

(Cette tête est réduite de moitié et vue de côté.)

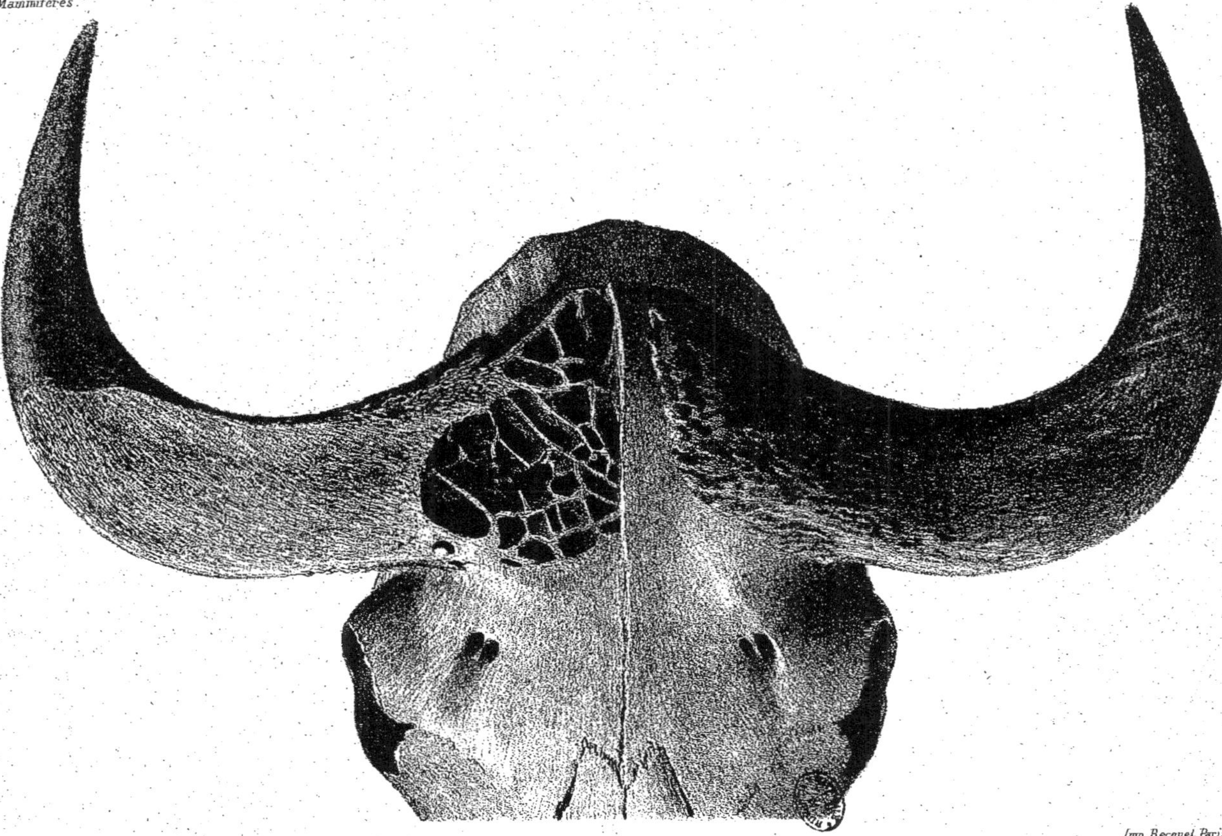

Noël lith.

Imp. Becquel, Paris.

PLANCHE 76.

Portion frontale de la tête du **Budorcas taxicola tibetana**. L'un des axes osseux des cornes a été scié pour montrer la disposition des sinus.

(Cette figure est réduite de moitié.)

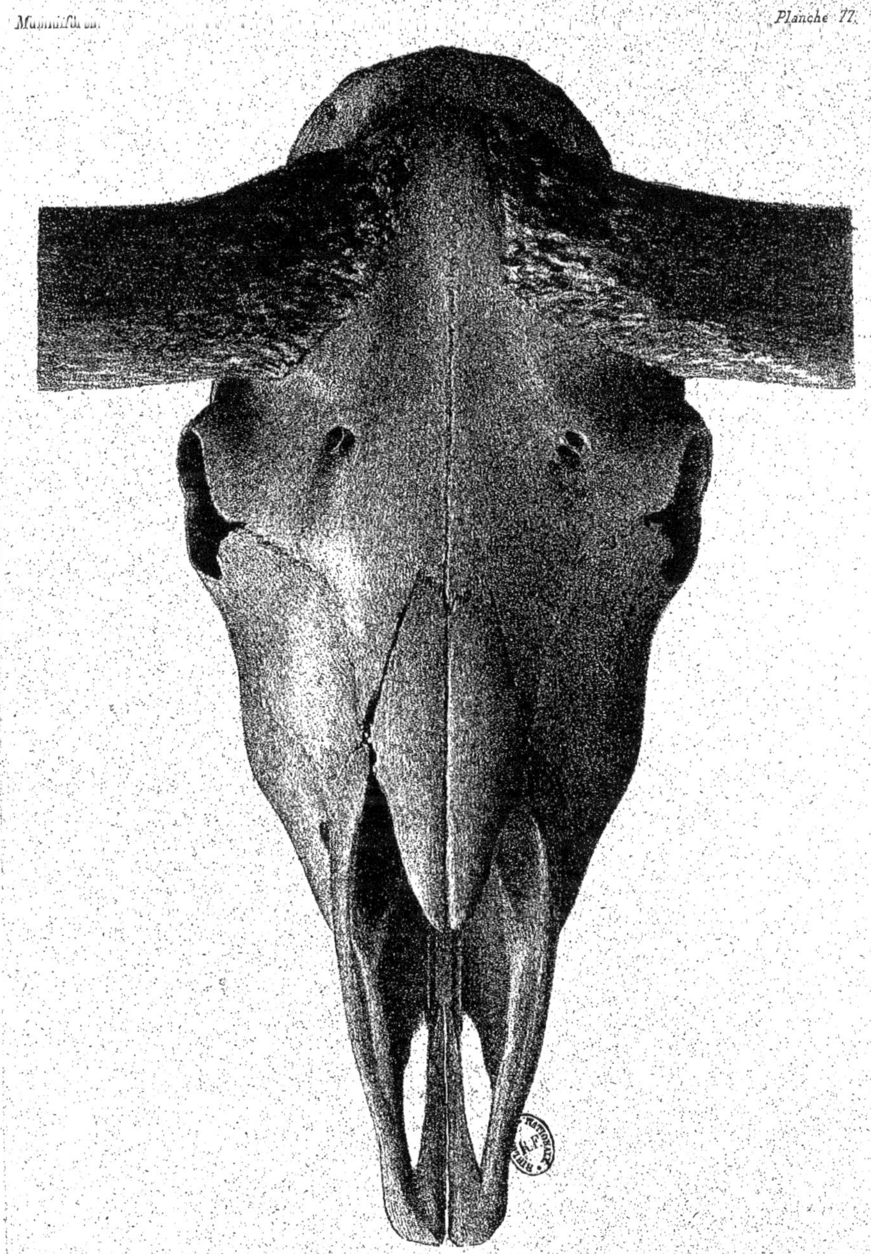

Noël lith.

Imp. Becquet, Paris

PLANCHE 77.

Tête osseuse du **Budorcas taxicola tibetana**, provenant d'un individu mâle adulte tué dans les montagnes de la principauté de Moupin.

(Cette figure est réduite de moitié.)

PLANCHE 78.

Face inférieure de la tête osseuse d'un **Budorcas taxicola tibetana**, mâle adulte provenant des montagnes de la principauté de Moupin.

(Cette figure est réduite de moitié.)

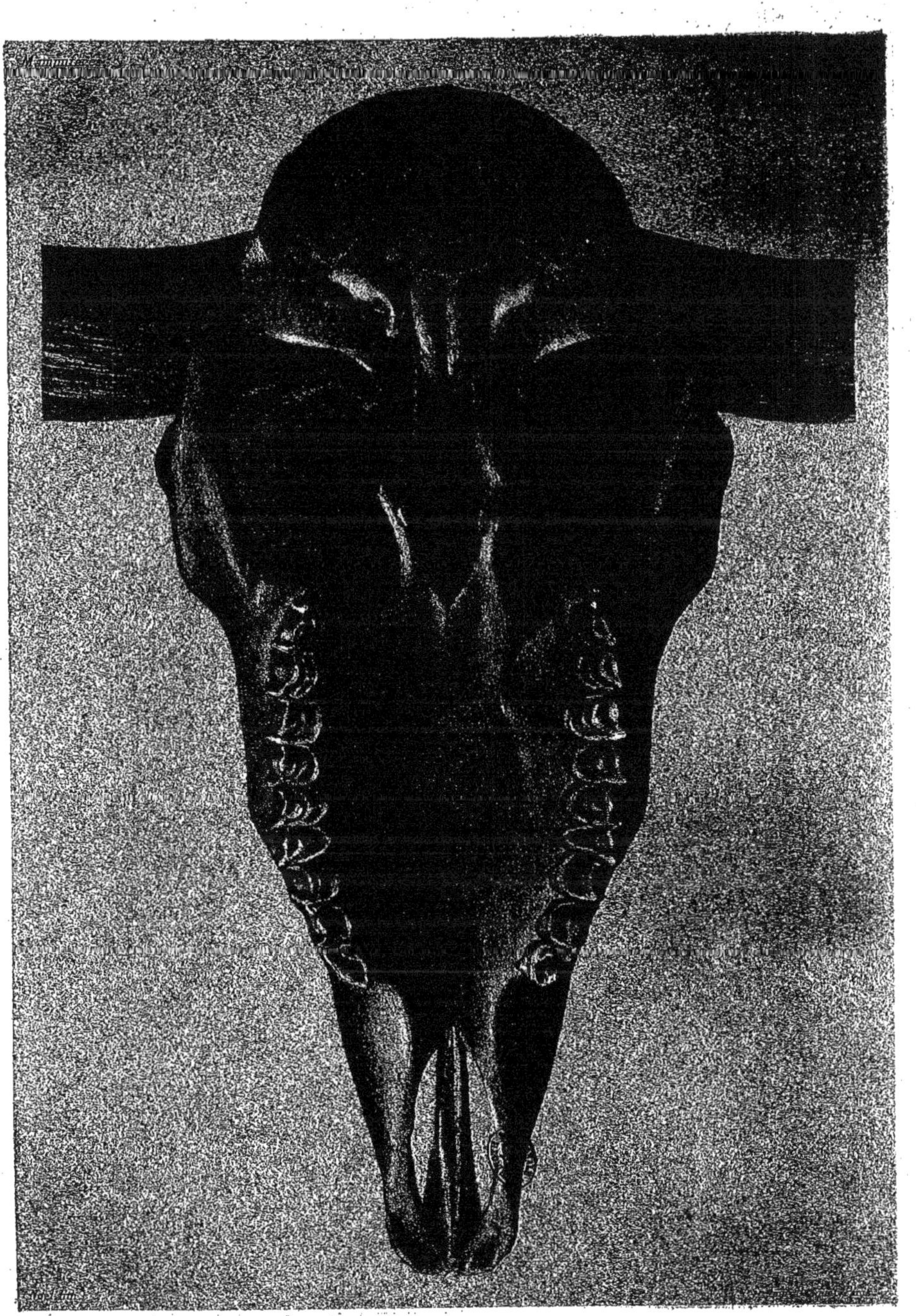

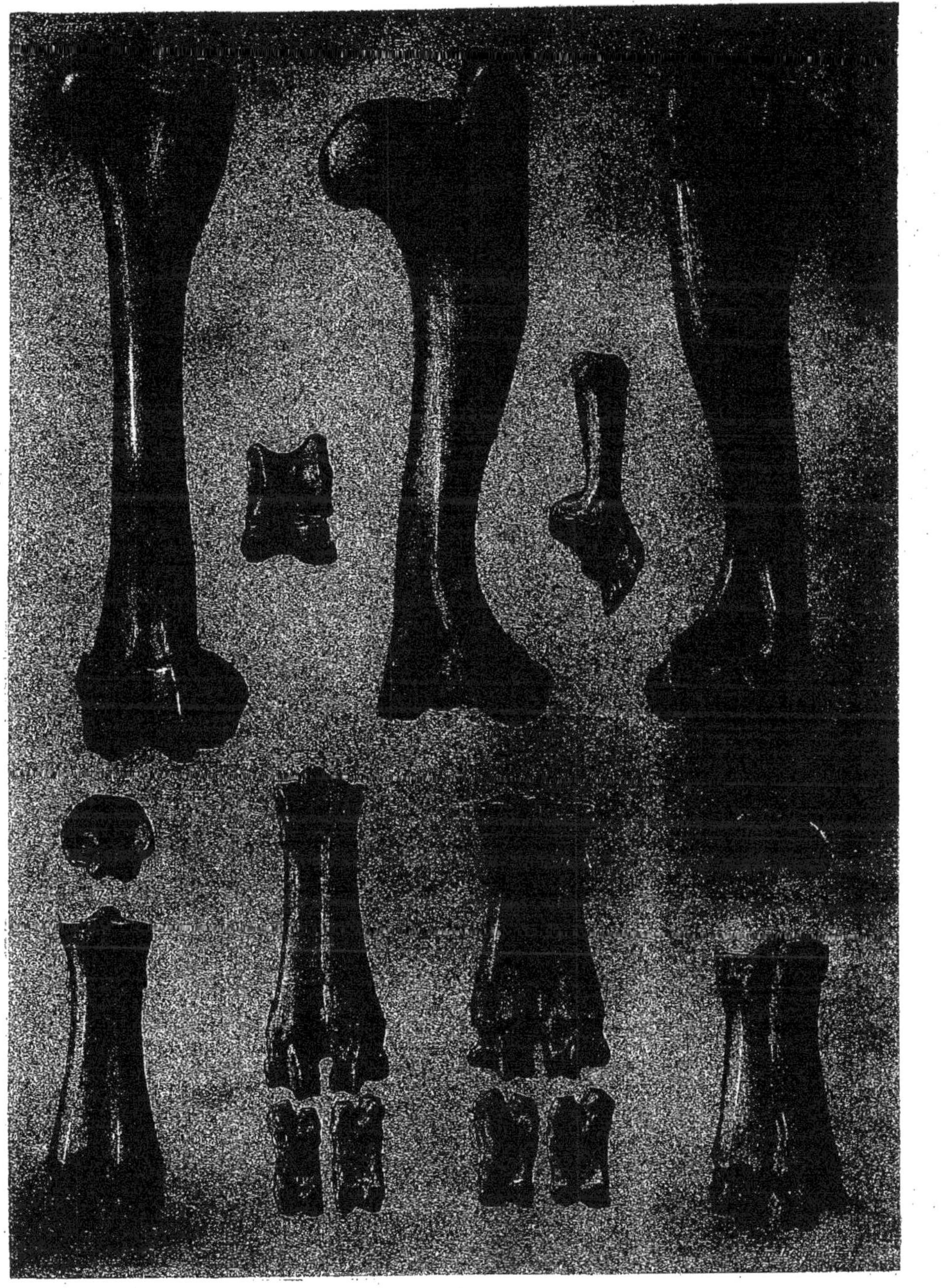

PLANCHE 79.

Os des membres du **Budorcas taxicola** var. **tibetana**.

Fig. 1. — **Humérus** vu en avant. Cette figure, de même que les suivantes, est réduite des deux tiers.

Fig. 2. — Le même os, vu de côté.

Fig. 3. — **Fémur** montrant sa face antérieure.

Fig. 4. — **Canon** antérieur vu en avant.

Fig. 5. — Face postérieure du même.

Fig. 6. — Surface articulaire supérieure.

Fig. 7. — **Canon** postérieur vu en avant.

Fig. 8. — Face postérieure du même os.

Fig. 9. — Extrémité articulaire supérieure.

Fig. 10. — **Calcanéum** vu en avant (ou en dessus).

Fig. 11. — **Astragale** vu par sa face antérieure.

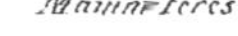

Huet pinx.t

Imp. Becquet à Paris.

PLANCHE 80.

Sus moupinensis (A. Milne Edwards). Mâle très-adulte, provenant des montagnes de la principauté de Moupin.

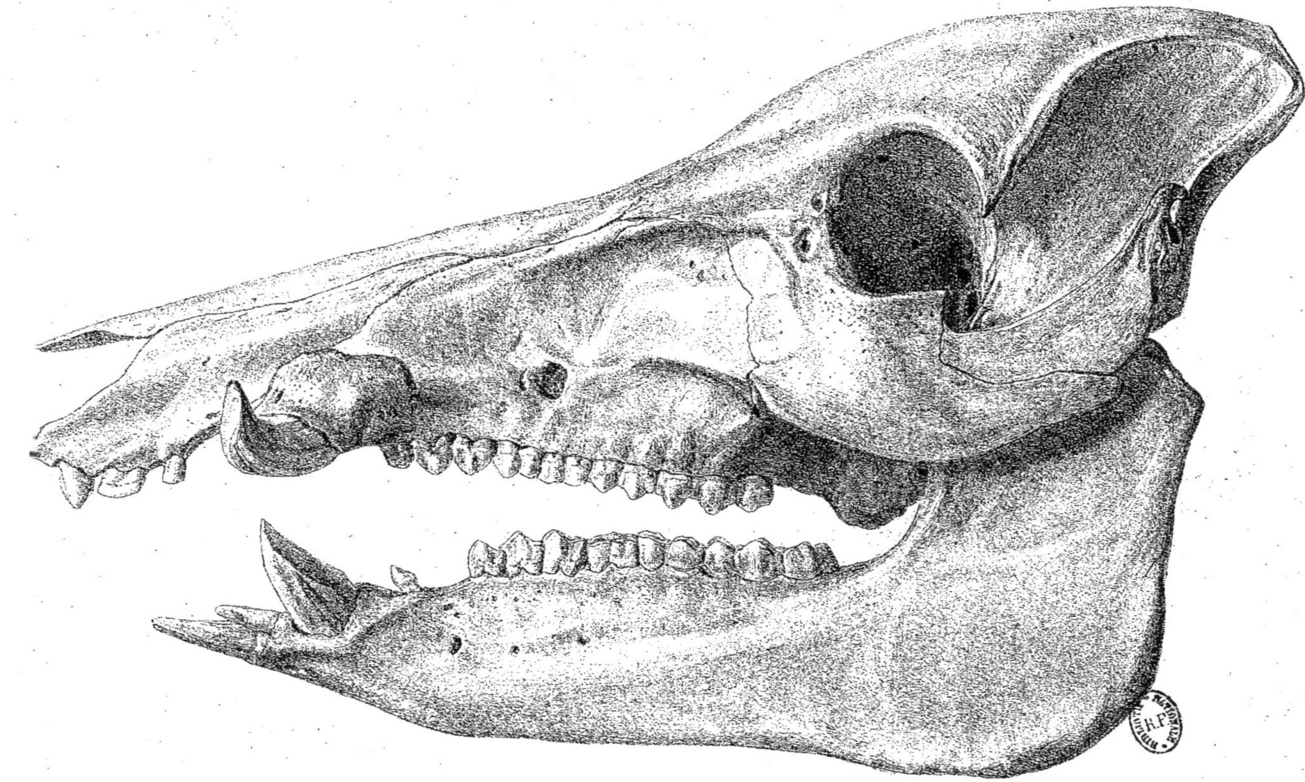

Louveau lith.

Imp. Becquet. Paris.

PLANCHE 81.

Tête osseuse du **Sus moupinensis** (A. Milne Edwards), Sanglier provenant des montagnes de la principauté de Moupin.

www.ingramcontent.com/pod-product-compliance
Ingram Content Group UK Ltd.
Pitfield, Milton Keynes, MK11 3LW, UK
UKHW021846190726
13855UKWH00001B/166

9 782013 415620